UFOと交信すればすべてが覚醒する

秋山眞人
布施泰和［協力］

河出書房新社

UFOを呼んで人生を新しいフェーズに導くために
――まえがき

UFOとの交信の神髄とは何か

UFO――この本では、一般にいわれているような「未確認飛行物体（UFO）」ではなく、宇宙の知的生命体の乗り物として、または宇宙人側を表す代名詞として、この言葉を使います。

UFOとの交信について述べた本は、いままでにもたくさん出版されています。私自身も一九九〇年代から、実際の交信法や、交信とはいかなるものであるか、ということを含めて、UFOの本を複数の出版社から何冊か出しています。

しかし近年、UFO問題をとりまく社会情勢が急速に変化し、UFOに対する意識の変化や最新の知見をふまえた見直しが喫緊《きっきん》の課題であると考えるようになりました。

UFOとの交信という現象の根底にあるものは、宇宙人側から地球人の側への働きかけです。UFO問題がアメリカで話題になった一九五〇年代ごろから、UFOとテレパシーのような方法で交信したという人や、ラジオなどの簡単な電化製品や受信機に宇宙人からのメッセージが送られてきて、それを受信したという人が続出しました。明らかにUFO側は、直接的であれ、間接的であれ、手段にあまりこだわることなく私たちと連絡をとりたがっていたのです。それは明確にみてとれます。

地球を攻撃しようとか、地球人をコントロールしようという目的であれば、それはいままでにいくらでもできたはずです。しかし、そうした事態にはなっていません。彼らは、宇宙の果てと果ての間でも交信ができるような方法、本書の中では「量子的テレパシー通信」と呼んでいますが、すなわち時空を超えてメッセージを届け合うような、たいへん高度な科学力を持っています。私自身も、それを嫌というほど体験してきています。現在の地球の科学ではとうてい説明できない科学力がそこにあります。

本書では、学術的にUFOを捉えようとか、軍事問題としてUFOを語ろうとか、UFOの宗教社会学的な成り立ちを明らかにしようなどといったつもりはありません。大切なことは、UFOとの交信は、私たちにとってどういうことなのか、どういう意味があるか、を伝えることにあります。

UFOと交信した人たちは、実際に世間の人が知っている以上に、膨大《ぼうだい》な人数に及ぶと思います。この人たちは、自分が体験したことによって得た膨大な情報と知恵をどう表現するかにおいて、たいへん悩み続けるはずです。

UFOと遭遇《そうぐう》した、宇宙人と交信した、またはUFOに搭乗させられた、などということをいくら話しても、人は信じてくれません。それを真面目に語れば語るほど、「この人はとうとう、頭がどうかしてしまったのだ」と思われる恐れがあります。奇異なものをみるようなまなざしを向けられ、場合によっては、罵声《ばせい》を浴びせられたり嘲笑《ちょうしょう》されたりもします。体験者本人にとって、それがどれだけ悲痛な仕打ちであるのかを、多くの人たちは知りません。

だからこそ私は、「UFOとの交信を笑う人たち」や、「交信した人（コンタクティー）を精神病理学的な問題だとして一笑に付《ふ》す人たち」の側ではなく、実際にUFOとの交信を体験した、膨大な数の人たちの側に立ちたいのです。彼らのために、**その体験をどう活かせば、自分の「人生の潤《うるお》い」や「心の豊かさ」に結びつくのか**を伝えたいのです。

そして、宗教があたかも高い所から見下ろすように語る「神々や天使の神話」に心がまみれることなく、宇宙真理の神髄《しんずい》にどうやって触れるのか、などを私の体験を含めて、一見複雑な現象を交通整理しながら語ろうと思っています。それが本書の目的です。

いま、閉塞《へいそく》した社会の中で虚言妄言《きょげんもうげん》を語る人も増えていて、そうした面白い話に食いついたり、信じ込んでしまう人も増えています。そうした状況に一石《いっせき》を投じたいという思いもあります。

精神世界に関心を寄せる人がつい迷い込んでしまう「ゆるふわ」的な本も注目を集めがちですが、中身のうすい話をいくら読んでも「自分」を変えることはできません。

切り拓け！ コンタクティー未踏の地を

まだUFOと交信したことがない人も、UFO体験者の人も、また、これから体験を深めたいと思う人も、ぜひ、本書を何度も熟読してもらいたいのです。もちろん、UFO問題を真摯《しんし》に理解しようと思う人たちにはぜひ、この本の内容に耳を傾けて、UFO体験者に寄り添っていただきたい。UFO体験者が実際にどういう心の状態にあるのかを理解して、その体験の正しい活かし方や正しい社会の受け入れ方はどこにあるのかに心を向けてほしいと思う次第です。

一言で申し上げれば、**UFOとは「祈り」で交信できます。祈りで交信ができるということは、UFOは個々人の心と直接対話ができるということです。**UFO側・宇宙人側が持つこのシステムは、意識インターネットともいえるものです。これは、私がＵＦＯ体験をした当初から多くの人に言い続けてきたテーマでもあります。誰もがＵＦＯと個々につながれるのです！

こうした話をすればするほど、宗教家や思想家、そして科学至上主義者は面食《めんく》らうことになるかもしれません。これまで宗教の専売特許だと思われた「念じたり、祈ったりすること」と、科学の延長上にあると思われるＵＦＯという構造物体「宇宙機」、そしてその中にいると思われる高度な知性体「宇宙人」とが、現代の地球科学や社会科学、宗教学のいかなる説明をも通り越して、個人と直接つながっているからです。

私たち一人ひとりはＵＦＯと対等につながることができます。どのような思想、どのような宗教、どのような政府にも妨げられることなく、個々人がＵＦＯとつながり、慈愛《じあい》に満ちた意識体との交信を続けることができるのです。

そして**ＵＦＯは、あくまでもいまを生きる、か弱い地球人のために、この地上で生きながらも、その生活を潤いの満ちたものに変えるためのヒントを私たちに与えてくれます。**

ＵＦＯとの交信は、宇宙の神秘を開く扉のカギであり、私たちが幸せになることが約束されていることを示す人生のカギでもあるのです。

思い起こせば、テレビ朝日の勇気あるスタッフが、富士山の近くで、生中継でＵＦＯを呼ぶという企画を断行したとき、富士山方向を低い位置でジグザグに飛ぶ明るい発行体を撮影するという快挙が成し遂げられました。一九八九年八月二一日未明のことです。

テレビの生番組で、メイン・コンタクティーとしてＵＦＯを呼ぶことに成功した私は「とうとうやった！」と思いましたが、すぐに人工衛星誤認説が拡散し、悔しくて涙したものです。

ジグザグに飛ぶ人工衛星などあるものかと思いましたが、そのとき航空評論家が「あれはＵＦＯだ」とする反論をおこない、富士山の反対側からの目撃者も「ＵＦＯ以外の何ものでもない」という証言が出て、私の名誉は守られました。

しかし、本物のＵＦＯが生放送で放映されると、すぐに否定論が流され論争に発展する世の中なのだということにも驚かされました。

多くの人がＵＦＯと交信を始め、自由に会話できるようになることを祈ってやみません。そうなったら、直接この本に書かれた内容の意義と奥行きを彼ら宇宙人に尋ねてみてください。その真意を理解したら、私たちを踏み台にしても一向にかまいませんから、今度は自分たちの足でコンタクティーの道を切り拓いてください。そして、一九七〇年代からコンタクティーを続けている私たちを凌駕《りょうが》して、一〇〇年、二〇〇年先の地球文明を幸せにする行動をしていただくことを願ってやみません。
私にとっては、それこそが喜びなのです。

秋山眞人

序章　新たなステージに入ったUFOと地球人

1章 宇宙人はあなたに呼ばれるのを待っている

2章 宇宙人のメッセージはいかに受け取るべきか

3章 段々と宇宙スケールに意識が覚醒していく

4章 UFOとの交信で人生はこれほど変わる！

5章 あなたにもできる。UFOの呼び方

カバーデザイン●スタジオ・ファム
カバー画像●アフロ
本文イラスト●青木宣人

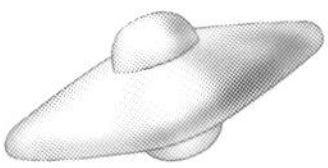

序章
新たなステージに入った UFOと地球人

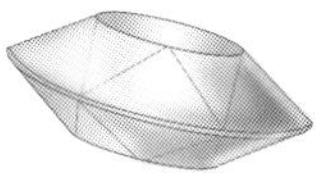

米国がUFO情報を公開した本当の理由

「あれは何だ！」と叫ぶ米軍のパイロットとみられる人物は、明らかに驚き、興奮していました。自分たちの常識ではありえない高速で飛翔する円盤形の物体を目撃、映像に捉えたからです。

動画には独楽《こま》のように急に回転したり、熱源がないのに高速移動したりする、明らかに地球の科学技術では理解不能なＵＦＯ（未確認飛行物体）が映り込んでいました。

このＵＦＯ動画は、二〇二〇年四月、米国防総省が長い沈黙を破って正式に公開したものです。ドナルド・トランプ元米大統領が在任中に、ＵＦＯ問題に関係する情報の公開を土壇場《どたんば》になってサインしたことから、後に公開された情報の一つだとされています。それによって国防総省は、公開せざるを得なくなったという話も伝わってきています。

ＵＦＯと呼ばれる未知の飛行物体について、米国防総省や日本の防衛省が研究していることは、自明のことです。しかし、それが公表されてこなかったのは、なぜなのかという問題に目を向ける必要があります。非公開とする理由は、簡単にいえば軍事情報だからです。自分たちの科学技術を凌駕《りょうが》して飛ぶ未知の飛行物体は、軍事上の脅威にほかなりません。当然、極秘扱いとなります。しかし、その機密のはずの軍事情報を国防総省が公開したのはなぜかという疑問も湧《わ》いてきます。

この公開で私が危惧《きぐ》している重大なポイントは、ここです。世界各国がこぞってUFO情報を公開しようとする動きの背景には、人々の目を宇宙開発に向けさせようとしている特別の意図があるように感じるからです。実際にアメリカなど世界の軍事大国は、宇宙軍の創設や月面開発、火星移住計画をぶち上げたりするなど、宇宙開発や宇宙の軍事利用に並々ならぬ熱意を持っているように思えてなりません。

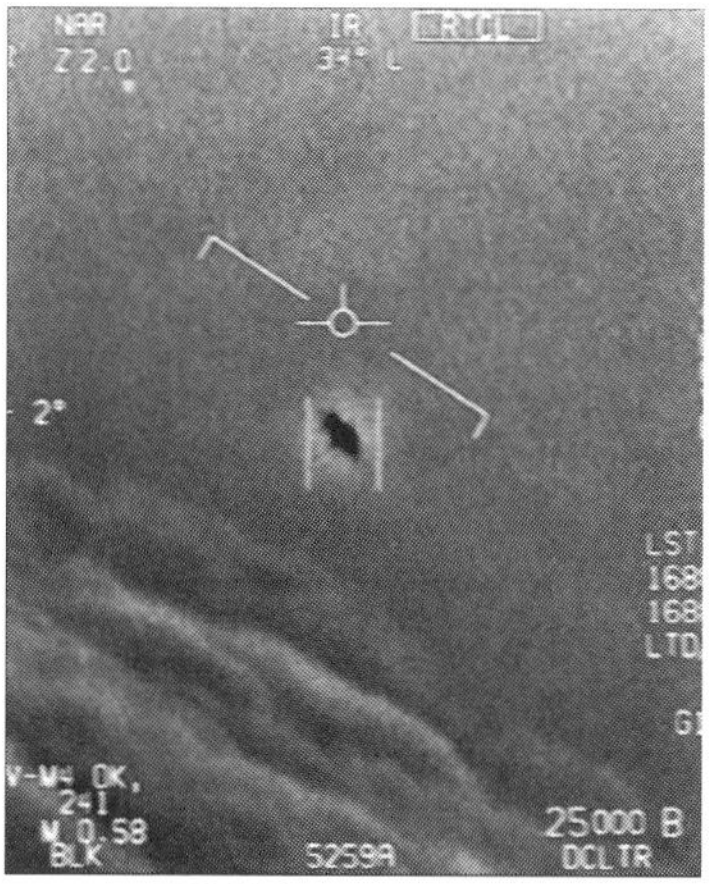

アメリカ国防総省が公開したUFOの映像

そうした情勢を目《ま》の当たりにすると、宇宙開発や軍事利用を進める材料として、しかもその材料となる範囲内で都合のよいUFO情報を開示したとみて間違いないように思われます。だからUFOがほかの惑星から地球に来訪した宇宙機であるとは認めずに、「UFOは飛んでいますが、何なのかはわかりません。確認できません」と民衆を煙《けむ》に巻いているわけです。

そもそも「Unidentified（未確認）」という言葉を使うこと自体が馬鹿げています。地球の科学レベルで確認できるはずがありませんから、これでは、いつまでたっても未確認のままの存在です。最初から確認しないことを前提に言葉をつくった可能性すらあります。

少なくとも、「未知の科学技術を用いた高度知性体の飛行物体」と認識するべきなのです。

もともと米政府は、ＵＦＯが宇宙人の乗り物であることを知っていたはずです。それにもかかわらず、用語で誤魔化しながら、ＵＦＯ情報を自分たちの都合のよいようにコントロールしてきました。

二〇二〇年のＵＦＯ情報開示は、米国が進める軍事的な宇宙開発に対して、国民が「ノー」といえないようにするための工作の一環にほかならないのです。それがはっきりとみてとれます。そのために「ＵＦＯ」というカードを出してきたと私はみています。

日本のUFO研究の惨憺たる現状

このＵＦＯ動画がネットやニュースで出回り始めたころ、じつは日本でも密かに、ある一部のＵＦＯ研究者に対して「国がＵＦＯの公聴会をやりますよ」と通知していたことがわかっています。しかし、通知された人たちは、明らかに専門的なＵＦＯ研究者ではなく、ちょっと名前が通っているメディア人とか、ちょっと売れている評論家など社会的に影響のある人たちでした。

これもおかしな話です。最初からUFOを専門的に研究しようとするのではなく、話題づくりとして、半ばおざなりに研究しようという姿勢が見え見えだからです。自衛隊や航空関係者にも、本物のUFOを目撃した人はたくさんいますから、政府も何が本当のUFO情報で何が嘘の情報であるか、当然わかっているはずです。しかし、そうした本当の情報は伏せたまま、メディアに影響力がある人だけに声をかけて公聴会をしますというのは、茶番だとしか思えません。

結局、公聴会は開かれなかったようですが、明らかにメディアを使った、メディア受けする情報操作に近い思惑が見え隠れします。

つまり、米国防総省にしろ、日本政府にしろ、UFO情報を純粋な研究対象として扱わず、政治的な思惑で意図的に扱っています。インターネットの中で、そうした思惑にのったUFO情報が意図的に流され、大衆をミスリードしているのが、現在のUFO問題の現状であるわけです。

結局、米国防総省や日本の政府は、自分たちの機関がお墨付きを与えた情報以外のUF

O情報を認めないように国民を巧みに誘導して、本当のUFO情報を隠し続けています。とくに日本政府は、米国から何らかの指令を受けて、アメリカの隠蔽《いんぺい》計画に沿って動いているようにもみえます。

その隠蔽工作によって、一般人が本物のUFOを目撃しても、「気球や火球をみただけ」とか「星を見間違えただけ」などとして情報を抹殺《まっさつ》し、足を使って本物のUFOを地道に調べている専門家をつまはじきにしています。

UFOが地方の観光開発に使われているのも、同様に嘆かわしい状況といえます。確かに観光開発を利用して、UFOで盛り上がってもらいたいという気持ちも私にはありますが、観光だけが目的となってしまうと、本当のUFO情報の中身がおざなりになってしまうのではないかという懸念《けねん》があります。本当のUFO問題というのは、「おちゃらけ」ではなく、もっと奥深く、地球人がもっと真剣に考えなければいけない、人類の未来を左右する問題なのです。

日本のUFO研究の問題もここにあります。UFO問題の本質は、観光開発に利用できるかどうかという問題でも、UFOが存在するかしないかという問題でもありません。ましてや、軍事的宇宙開発に利用するための「情報の調味料」でもないわけです。

逆にいうと、UFO情報をそうした目的に使うことをやめない限り、大衆に本当のUFO情報が伝わることはありません。地球人は永遠にUFO問題を理解することもできなければ、UFOが私たちに提示する問題を解決することも決してできないでしょう。せいぜい一部のカルトや、UFOを利用しようとする宗教団体による、偽の情報にたぶらかされ続けて終わってしまいます。

真実のUFO情報が表に出ない理由

嘆かわしいことに、正しいUFO情報がネットに出ると、日本の工作員とみられる人たちが必ず、それを打ち消す偽情報を流します。いつも似たようなメンバーです。正しいUFO情報が出ないほうがいいと思っているグループが複数いるのです。

コンタクティーでもあった、
ジョージ・ハント・ウィリアムソン

それは当然、アメリカでも同じです。UFO問題が起きた初期のころ、一九六〇～七〇年代に足繁く現場に通って取材したUFO研究家のジョージ・ハント・ウィリアムソン（一九二六〜一九八六）は、「UFO情報を隠しているのは、世界銀行家、国際金融家だ」とはっきり言いきっていました。

じつはこの発言は、地球におけるUFO問題の本質を突いていました。というのも、UFO問題を絶対に隠さなければいけないと思っていた社会的な勢力が当時、実際に存在していたからです。

どうして隠さなければならなかったかというと、一つはエネルギー問題です。本当のUFO問題を認めてしまうと、宇宙を延々と航行できる動力が存在することが社会に知れ渡ることになってしまいます。おそらく彼らは、宇宙空間から何らかの手法で航行に必要なエネルギーを取り出しています。石炭、石油、天然ガスなどの化石燃料という有限なエネルギーの売り買いなどによって巨万の富を得ている、いわゆる国際金融家にとっては、それは知られたくない事実です。

ほぼ無限のエネルギー、あるいはフリーエネルギーを取り出せる手段があることを地球人が知ってしまったら、化石燃料は一気に廃《すた》れ、国際金融家の「飯の食い上げ」になりかねません。あるいは、地球人のことですから、そのエネルギーを軍事に利用しかねないという懸念も生じます。一部の権力者だけがその手段を独占して、世界を統治するという可能性も出てきます。

そのほかにも、自分たちがこれまでやってきた手段では稼げなくなることを恐れた人たちや既得権益《きとくけんえき》にしがみつこうとする人たちが、真実の隠蔽を謀《はか》った面は否めません。

理由はともあれ、本当のＵＦＯ情報は握りつぶされてきたのです。

この問題に関連して、これまでにも新しいエネルギーがみつかったという話はたくさん出ていました。無尽蔵《むじんぞう》に使えるフリーエネルギーに関しても、コンタクティーが宇宙人から エネルギー回路を教わって、試作品をつくって実験したという話がありましたが、隠蔽されたと聞いています。そういうケースはたくさんあります。これも大問題です。

宇宙の果てと瞬時につながる量子的テレパシー通信

もう一つの大きな隠蔽理由は、通信手段の問題です。宇宙人は、宇宙の果てと果てで瞬時に交信する手段を持っています。それがいわゆる量子的テレパシー通信です。その能力がないと、遠い宇宙の彼方《かなた》に飛び出ていくことは事実上できません。電波通信や光通信に頼っているようでは、何万光年先の宇宙に行き着くことができないからです。彼らは瞬時に宇宙の果てと交信できるし、瞬時にそこへ移動することすらできます。

ところが、地球の科学者や既存の科学利権を持っている人たちは、そのようなことができることが知られると、非常に不都合なわけです。彼らがこれまで信じてきた地球の科学が全否定されるからです。彼らは失業することになりかねません。

一九七〇年代にイスラエルの超能力者・ユリ・ゲラーの来日とともに大ブームを引き起こしたスプーン曲げでも、同じような反応が引き起こされました。ゲラーに感化された多くの少年少女がスプーン曲げなどの能力を開花させたので、科学者の中にはそれを認めて、人類の歴史に超能力という新しいパラダイムが出現したとまで言いきる人が出たほどでした。これに対して、既存の科学にしがみつく学者やメディアの中には、そのようなことがあってはならないと頑《かたく》なに信じる人たちもいました。彼らは能力者のちょっとしたミスをあげつらい、「それみたことか」と超能力自体がインチキであるかのように論じることによって、事実上能力のある人たちを社会から排除しました。

しかし、人類が宇宙に飛び出すためには電波通信などでは意味がないことは火を見るよりも明らかです。もっとも、大戦後間もない一九四〇年代後半に宇宙人とのコンタクトが始まった初期に、UFO側が意図的に地球の電波を使って地球人と交信するという現象が起きたことはあります。

ラジオや無線の電波を使って、宇宙人と名のる人たちから大量の情報がもたらされたり、電源が入っていないラジオから広域で一斉に「宇宙人通信」が流されたりしたこともありました。

これらの現象はあくまでも、地球人の科学に合わせて意図的に電波を使ったに過ぎず、宇宙人は電波通信などの原始的な手段を超越して、どんなに遠くに離れていても、いわば量子的テレパシー通信ともいえる能力を使って交信できるのです。それを示すために、わざと電源がオフになったラジオを通信手段のシンボルとして使ったのです。

テレパシーは量子レベルの情報通信

テレパシーという言葉を使うと怪しいと思う人は多いかもしれませんが、精神感応や以心伝心という現象があることは、多くの人は何となくわかっているはずです。それがテレパシーと呼ばれる能力の本質なのです。「虫の知らせ」「第六感」として発現することもあります。誰もが持っている能力といえます。

テレパシーという言葉が胡散臭《うさん》いと思うならば、「量子レベルにおける情報通信」と表現してもかまいません。時空を超越して瞬時に伝わるような、量子レベルの現象を利用した通信を宇宙人は普通の広域通信手段として使っています。この技術や能力があるおかげで、彼らは時間や空間を超越して地球にくることができるのです。

こうした技術や能力を目の前にしたら、地球の科学技術や、その利権を使ってのさばっている地球の大物たちは、太刀打《たちう》ちできないことにすぐに気づきます。自分たちの立場や利権をすべて失いかねないので、恐ろしくてしょうがないはずです。宇宙人によってそれが明らかにされたら、自分たちが築き上げた名声も地位も富も、砂上《さじょう》の楼閣《ろうかく》のように足元から崩れていきます。だからこそ、ＵＦＯ問題の本質を捻《ね》じ曲げ、本当の情報の隠蔽を謀っているのです。

見方を変えれば、ＵＦＯの存在は、得てしてエゴイズム一色で自分たちの莫大な利益探求の目的のみに突っ走るような人たちに対して、巨大な抑止になっています。ＵＦＯがちょろちょろと空に顔を出すだけでも、彼らは恐ろしくて震え上がります。その結果、自分の欲望のための戦争に使うお金の一部を、ＵＦＯの観測や宇宙開発に向けようとします。それは多少なりとも、戦争や危険な核開発の抑止力になっているはずです。

実際、アメリカのＵＦＯ研究家・ロバート・ヘイスティングスの『ＵＦＯと核兵器』によると、一九五〇年代に太平洋で水爆実験がおこなわれた際、水爆実験海域にひんぱんに

周辺でUFOがひんぱんに目撃されたロスアラモス国立研究所

ＵＦＯが出現し、中には水爆輸送艦船への接近もあったと報告されています。また、米国ニューメキシコ州の核兵器関連施設であるロスアラモス国立研究所などの核施設の周辺では、一九四〇年代後半から五〇年代半ばにかけてひんぱんにＵＦＯが目撃されたことがわかっています。

これらのＵＦＯの出現は、このままでは人類が滅びてしまうという、可能な限りの警告であり、切ない願いでもあったはずです。ところが、その体を張ったＵＦＯからの警告ですら、一般の人々には知らされないように、軍関係者や政府によって情報が握りつぶされてきました。

UFO問題の議論が噛み合わないのは、なぜか

結論からいえば、ＵＦＯ問題にはそういうさまざまな事情があるので、地球上における

科学的なエビデンスの概念がまったく通用しないわけです。エビデンスを求める人の中には「国が発表したからそれがエビデンスだ」という人もいますが、それは誤った考え以外の何ものでもありません。米国防総省が発表したから正しいと考えるのも完全に間違っています。

そもそも国防総省は宇宙機としてのＵＦＯを認めたわけでもありません。よくわからない映像に対して、何のコメントも述べずにいきなり発表しました。私には当たり障《さわ》りのない情報だけ発表したように思えます。本当のＵＦＯの実体はあんなものではありません。私たちの想像をはるかに超えています。

それでも、国防総省が発表した映像を専門家がみれば、どうも地球外からきた飛行物体らしいことが何となくわかるわけです。非常に巧妙に情報を公開していると思います。

ＵＦＯを論じるにあたっては、何が正しくて、何が間違っているかは本当にわかりづらくなっています。そのため、否定派と肯定派の間の議論も嚙み合いません。むしろそのような混乱した状況をつくり出すために、当局が情報を操作している可能性が浮かび上がってくるのです。それによって、本当のＵＦＯ情報はつぶされていきます。

一番の問題は、本当にＵＦＯや宇宙人と接触したコンタクティーの人権が脅《おびや》かされ、その人が本当の情報を語れなくなることです。これは人類にとっての大きな損失です。そうした愚かな状態が繰り返されてきています。

コンタクティー迫害の歴史

初期のコンタクティーについて、デニス・ステーシーとヒラリー・エヴァンスという欧米のジャーナリストが編集した『ＵＦＯと宇宙人 全ドキュメント』という本には、いろいろなケースが紹介されています。その中でジョージ・アダムスキーという有名なアメリカのコンタクティーが取り上げられていますが、普通の人がその記述を読めば、きっと「そうだよな、アダムスキーはインチキだ」と思うことでしょう。

しかし、私が読むと、彼がいかに当局や世間からひどい扱いを受けたかが目に浮かびます。たとえば、アダムスキーは金星を訪問して金星人に会ったと話していることから、「大ぼら吹き」「大ウソつき」としてインチキ扱いされ、蔑《さげす》まれました。まるで悪辣《あくらつ》なカルトの教祖扱いです。確かに、現代の地球科学の常識で考えれば、金星には金星人は存在しません。太陽系外の宇宙から飛来することも、時間的には事実上不可能だと思われています。

それでも私がその話を聞くと、自分のコンタクト体験と符合《ふごう》し、合点《がてん》がいく点もあるのです。というのも、私自身、中学生のときに目撃したＵＦＯと交信するようになってから、やがてスペースピープル（宇宙人）とも交信し、一九歳か二〇歳のころには、数えきれないほどの不思議な体験をし、いくつもの種類の宇宙知性体からコンタクトを受けました。彼らは実際、金星など太陽系の他の惑星や月を経由して地球にきています。

これは紛《まぎ》れもない事実であり、決して想像でも夢でもありません。同様に、そうした常識では信じられない体験について、アダムスキーが真実を語っている可能性が高いのです。

しかし現実には、そのような体験を明らかにしようものなら「大ぼら吹き」のレッテルを貼られ袋叩きに遭《あ》います。レッテルを貼った当のメディアは、真実を話したコンタクティーに弁明の機会すら与えません。仮に話させたとしても、都合のいいように切り取り、茶化して終わりです。私の場合、オカルト雑誌の中で、ほら話を面白く話すような「エセスピ（リチュアル）な人々」と一緒に並べられることは、本当につらいことでした。

すでに亡くなったコンタクティーに対する扱いなど、ひどいものです。死者に鞭《むち》打つかのように、ネットの百科事典にはいまでも滅茶苦茶《めちゃくちゃ》なことが書かれています。全米で最も有能な透視能力者で、ＣＩＡ（米中央情報局）の極秘研究計画「スターゲート」にも携わったインゴ・スワン（一九三三〜二〇一三）も、そうした被害者の一人です。彼は、日本ではほとんど評価されていません。

スワンはもともと、ＵＦＯともひんぱんに接触していたコンタクティーだったのですが、ＵＦＯコンタクティーとして書いた彼の本は、日本では一冊も翻訳されていません。彼の唯一の翻訳本は、私が監訳した、予言能力の本当の開発法について書かれた『ノストラダムス・ファクター』（三交社刊）くらいです。

彼は別の本で、宇宙空間で重力制御している母船の外周を歩いたことを明らかにしています。そのときみた宇宙空間の風景があまりにも美しかったので、彼は後に油絵でその風景を描いています。じつは私も、おそらくフォースフィールド（物理的な衝撃や宇宙線などから内部・内側を守るみえない防壁）か何かで守られた母船の外周を、宇宙服を着ることもなく宇宙空間の中で歩いたことがあります。だから、彼が本当のことをいっているということがわかるのです。これは重要な事実で、地球人のコンタクティーに対する教育プログラムの一環ということがわかるのです。

本物の能力者であったにもかかわらず、スワンはウィキペディアなどでは懐疑的に扱われています。それはひとえに、意図的に操作された情報によって知らず知らずのうちに洗脳され、「否定派」が説く常識の「虜《とりこ》」になっているからです。先述したように、真実は地球の科学知識と常識では理解することができません。夢の科学などと称して危険な原子力発電や核開発など、人類のためにならない、地球を破壊する装置を次から次へとつくっている、浅はかな地球の科学などまったく通用しません。

このようにコンタクティーたちがヒステリックに批判される理由は（繰り返し強調しますが）真実を知られたらまずいと思う人たちがいることに尽きます。「国際金融家」とも呼べる人たちがネット情報を巧みに操作して、本物のコンタクティーたちの信用を貶《おとし》め、社会的に抹殺《まっさつ》しようとします。それは人類にとって、とてつもなく大きな損失といえます。

本物のコンタクティーの見分け方

本物のコンタクティーは存在するのです。では、その本物と偽物を、体験したことのない人はどうやって見分ければいいのでしょうか。一つの目安は、その人物が多芸多才かどうかをよくみることです。

本物のコンタクティーは、コンタクトしたことによって、自分の能力を飛躍的に高めることができます。三年もコンタクトすれば、脳が刺激されて、いろいろな仕事ができるようになります。絵を描くことができるようになったり、作曲することができるようになったりするなど、多種多彩な才能を発揮できるようになるのです。

当然、サイキック能力も出現するようになります。インゴ・スワンやユリ・ゲラーがいい例です。彼らは念動力や遠隔透視などの能力に加えて、「本当に何でもできるのではないか」と思うほど多芸多才です。

スペースピープルとのコンタクトの重要性を説いた米国人のテッド・オーウェンス（一九二〇～一九八七）は、ＵＦＯのスポークスマンと呼ばれた人ですが、幼いときにＵＦＯと遭遇して以来、超常的な能力を発揮するようになったといわれています。第二次世界大戦中は海軍に従軍し、その後大学や建設現場で働きながら、雷や雨などの気象現象をコントロールしたり予言をしたりして、周囲の人を驚かせていたそうです。

同じ米国人のアレックス・タナウス（一九二六～一九九〇）は、博士号を持っているうえに、ＵＦＯコンタクティーでもありました。数々の超常的現象を引き起こしたことから「超人博士」と呼ばれていました。作曲の分野でもゴールデンディスク賞を受賞しています。

最近では、フランス人で人類学と言語学の修士号や教育科学の博士号を持つジュリアン・シャムルア（一九八〇～）が、自分のＵＦＯ目撃と、謎の宇宙人との交流体験を記した『ワンネスの扉』（ナチュラルスピリット刊）という本を書いています。彼は宇宙人との交流を通して、宇宙意識と一体化する「ワンネス」という感覚を学び、会社経営などビジネスにも応用しています。優秀な能力をさまざまな分野で発揮するコンタクティーが多いのです。

ＵＦＯとコンタクトするということは、明らかにその人の能力を向上させる方向に働きます。それが本当のコンタクティーです。**ＵＦＯ側も、その人とコンタクトすれば、五年後、一〇年後には能力が飛躍的に向上するだろうことを見越して、接触してきている節があります。**一人ひとりのコンタクティーの能力を、どうやったら地球上で活かせるかをつねに考えているように思われます。

もちろんＵＦＯは、個々のコンタクティーの能力を開花させるためだけに地球にやってきているのではありません。地球人に対する明確なメッセージも携《たずさ》えていました。

核エネルギーに警鐘を鳴らす宇宙人とコンタクティー

一九四七年六月二四日、米ワシントン州のレーニア山付近で、自家用機パイロットのケネス・アーノルドが銀色の九機の三日月形物体が高速で飛行するのを目撃して以来、ＵＦＯは人類に明確なメッセージを伝え続けてきました。それが核の問題です。

日本では、映画『ゴジラ』シリーズで、この問題が取り上げられています。『ゴジラ』の最初の作品（一九五四年）では、ゴジラは太平洋のビキニ環礁《かんしょう》の水爆実験でもたらされた放射能の被曝《ひばく》によって巨大化したモンスターとして描かれます。映画の中では、地元の子供たちも被曝します。放射能の汚染度合いを調べていた博士が子供にガイガーカウンターを当てると、「ガリガリガリ」という不気味な音が響き、博士の絶望的な顔がスクリーンに映し出されます。子供たちの命は助からないことを暗示します。

つまりゴジラは、危険な核が生んだ負のバケモノ、悲劇の象徴として描かれています。放射能汚染が生んだ怨念、まさに悪夢そのものです。『ゴジラ』は反核映画だったのです。

UFO目撃談がメディアで大々的に報道されたケネス・アーノルド

ところがアメリカ政府が、核は未来の地球に平和をもたらすエネルギーであるというキャンペーンを打ち出すと、日本政府もそれに呼応する形で、「悪夢のエネルギー」であるはずの原子力エネルギーは「夢のエネルギー」というキャッチフレーズに置き換えられます。すると、悪のモンスターのはずだったゴジラは、その後のシリーズで悪い怪獣をやっつけるヒーロー怪獣にすり替えられてし

著名コンタクティーの集会がおこなわれたジャイアントロック

まいます。

核エネルギーは平和などもたらしませんでした。それどころか、核戦争への危機や原発事故による放射能汚染をもたらしています。じつは、UFOの出現は、人類の核開発と呼応しているのです。一九五〇年代から六〇年代の初期のUFOコンタクティーが口をそろえて原発や核兵器の開発に異を唱えたのは、偶然ではありません。彼らは、スペースピープルから「核は危ない」という明確なメッセージを受け取っていました。

アメリカ政府がコンタクティーを迫害した背景には、核兵器を開発したり原発を推進する政府の方針に反して反核運動を唱える彼らを好ましく思っていなかったということがあるに違いありません。

米国カリフォルニア州のモハヴェ砂漠には、ジャイアントロックというUFOがよく出現した巨岩の地があります。その場所で、ジョージ・ヴァン・タッセル（一九一〇〜一九七八）というコンタクティーの呼びかけで、ジョージ・アダムスキーら大勢のコンタクティーが一堂に集まったことがありました。その際も、政府が絡んだ反コンタクティー・キャンペーンが打ち出されて、多くのコンタクティーに対して悪いうわさが流され、運動はつぶされていきました。政府の息のかかったメディアが、彼らを打ちのめしたのです。

その構図は、一九七〇年代にスプーン曲げ少年たちに対してメディアが展開したキャンペーンとまったく同じでした。

UFOはなぜ、一部の人間の前だけに現れるのか

戦前、確かに日本の技術は優れていました。しかし、日本は技術偏重《へんちょう》主義でした。物と技術ばかり偏重して心や精神の幸せをないがしろにした結果、技術偏重主義と帝国主義が結びついて戦争を起こしたのです。精神論が悪で、危険だとするのは誤りです。ましてや精神論が日本を戦争に走らせたわけでもありません。一九八〇年代末から九〇年代にオウム真理教事件が起きた際も、その誤った議論が蒸し返されました。

これらは世の中の問題というより、個々の問題なのです。個々が幸せになろうと真剣に考えなければいけないのです。ＵＦＯ問題もそうした視点で捉えなければなりません。

宇宙人は決して、国会議事堂の前に降りてきたりすることはありません。しかし、「ＵＦ

Oが存在するなら、なぜ国会議事堂の前に降りてこないのか。人類を救いたかったら、国会議事堂やホワイトハウスの前に降りてくればいいではないか」とよくいわれたものです。UFOがそのようなことをするはずがないのです。もし、そんなことをしたら、地球人にミサイル攻撃されるのがオチです。

「これが重力制御です」「これがテレパシー交信です」と宇宙人が教えたとしても、中途半端な唯物論《ゆいぶつろん》と原始的な科学技術しか持たない地球人には猫に小判です。五歳児にマシンガンを与えるようなものです。身の丈以上のものを与えても、結局地球人の身勝手な強欲さや利権欲によって地球経済は破綻《はたん》し、人類は滅亡してしまいます。

しかし、そのような地球人をみても、宇宙人は見放さずに、手を差し伸べてくれているのです。そうした歴史がじつは延々と昔から続いているのです。UFO問題は、一九四七年にケネス・アーノルドが目撃したから始まったわけではありません。それこそ太古の地球から始まって、現在まで続いています。

たとえば、『旧約聖書』の「エゼキエル書」には、預言者モーゼの一行を導くため、昼夜問わずに雲のような、水蒸気に囲まれたような飛行物体がひんぱんに現れたと書かれています。あるときはモーゼの目の前に、燃えていないのに、まるで草原が燃えているように明るくなり、神の使いが空から現れたように描かれています。これなどは、映画『未知との遭遇』を髣髴《ほうふつ》とさせるような、まさにＵＦＯの出現を表現したとしか思えない描写です。

太古からあったUFO遭遇事件

実際、『旧約聖書』のもとになったとされているシュメールの神話には、シュメール人は宇宙から飛来した神から文明技術を教えてもらったと解釈される表現が多々見受けられます。いまから六〇〇〇年ほど前に書かれたとみられている粘土板に刻まれた神話には、アヌンナキといった神々、すなわち宇宙人が「天の船」にのって地球に降臨し、高度な情報や技術をもたらしたと解釈できる物語が記されています。

日本でも古くからＵＦＯ伝説が語り継がれています。その一例が、平安時代初期（九世紀末から一〇世紀前半）に書かれた『竹取物語』です。ご存じのようにかぐや姫は月の世界（別の天体）からやってきた女性（宇宙人）でした。しかも、地球にやってきたのは「罪を犯したから」であると書かれています。そして無事に罪を償ったので、月の都（月面基地）から空飛ぶ車（ＵＦＯ）で迎えにやってきた天人（宇宙人）と共に地球から去っていきます。

かつてＵＦＯコンタクティーでもあったジョージ・ハント・ウィリアムソンが「地球は

罪人の星である」といっていますが、まさにそれと同じことが『竹取物語』に書かれているわけです。

かぐや姫が竹のような物体の中から出てきたというのも意味深です。じつは崇神《すじん》天皇の時代（三世紀半ばごろ）、天皇の異母兄・彦湯産隅命《ひこゆむすみのみこと》の子に大筒木垂根王《おおつつきたるねのみこ》がいたと『古事記』には書かれています。大筒の形は、まさに葉巻型のＵＦＯの母船の形です。その大筒が「木」から「垂」れ下がるように、あるいは木々をなぎ倒して地上（根）に着陸したとも解釈できる名前です。しかも父方の祖母の名前が丹波竹野姫《たにわのたかのひめ》ですから、竹つながりです。

その大筒王に娘が生まれます。その娘の名が迦具夜姫《かぐやひめ》であったと記録されています。実在したとみられる、崇神天皇の甥の娘に当たります。つまり『竹取物語』の背景には、三世紀半ばに起きた実際のＵＦＯ遭遇事件があったのではないでしょうか。

『竹取物語』以外にも、ＵＦＯ遭遇事件はひんぱんに記録され続けています。そもそも天孫降臨神話自体が、宇宙人が宇宙船で飛来したことを想起させる記述になっています。『日本書紀』には、饒速日命《にぎはやひのみこと》が「天磐船《あまのいわふね》」にのって大空を飛び回った末に適地をみつけ日本に降臨したので、「空見つ日本《やまと》の国（大空から眺めてよい国だと選ばれた日本の国）」と呼ばれるようになったと書かれています。

『浦島太郎』も同様です。浦島説話の原典とみられる『丹後国風土記《たんごのくにふどき》』（奈良時代に編纂）には、次のように記されています。海で釣りをしていた浦島の前に五色に輝く亀（ＵＦＯ）が現れ、亀にのっていた美しい女性（宇宙人）から「天上の仙家《せんか》の人（宇宙人）なり。風雲の彼方よりきた」と告げられます。浦島はその女性に連れられて、あっというまに大きな島（別の惑星）に着きます。そこは玉を敷いたような光り輝く大地で、すばる（プレアデス）や雨降り星（アルデバラン）と名のる人々に迎えられ、輝く宮殿で過ごしたとあります。

じつは私もこれに近い体験をしており、これが実話だとわかるのです。ただ、違うところは、浦島は向こうで数日間と思えた時間が地球では何十年も経っていたことになっていますが、私の場合は丸三日滞在しても、地球では二時間しか経《た》っていなかったことです。浦島太郎とは逆のことが起きていますから、〝逆浦島効果〟です。私たちの世界の時間の流れは、彼らの世界の時間の流れとはまったく違っていました。この世界の時間の流れとはまったく異なっています。

もちろんそうではない可能性もあります。たとえば、彼らの宇宙船にのって移動すると、タイムマシンのように、時間をコントロールすることができると考えることもできます。

ＳＦ小説でよくあるプロットですが、私の家族が怪《あや》しまないように、地球時間で二時間後に設定して戻ってきたわけです。確かに三日もいなくなれば、家族は心配して警察に届け出たりする騒ぎになっていたかもしれません。そう考えると、少なくとも彼らは、時空を調整・調節して航行できる宇宙機を持っているのは間違いないと思います。宇宙船にのって別の惑星や別の世界にいくということは、空間だけではなく時間をも超越することが可能になるということなのです。

昔からUFOは、身近な存在として人類と遭遇を繰り返していたのです。『竹取物語』や『浦島太郎』「シュメール神話」『旧約聖書』に書かれているように、UFOとも交信・交流をして、情報を得ていたことは紛れもない事実なのです。宇宙人は地球人の文明発祥の段階から、ずっと寄り添ってきました。私たちが絶滅しないように、つねに休むことなく見守ってきました。

SF映画でしばしば描かれるように、文明の発達した宇宙人たちが地球人を征服しようとしたら、あっというまにできていたはずです。それをしなかったということが、彼らが地球人に寄り添って地球を見守ってきたという証拠なのです。

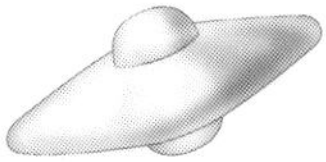

1章
宇宙人はあなたに呼ばれるのを待っている

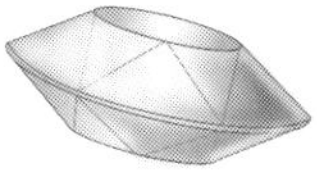

各国が密かに進めるUFO研究

東西冷戦の象徴だったベルリンの壁が崩壊して間もない一九九〇年代初め、私はソ連（現ロシア）を訪問しました。

当時はソ連時代末期にミハイル・ゴルバチョフが推し進めた改革路線であるペレストロイカによって規制緩和が進んだため、ソ連外務省がそれまで極秘扱いにしていたUFO情報を公開していました。私が関係者を取材したところ、当時は年間五〇〇〇人くらいのロシア人がUFOに連れ去られた事件が発生したといいます。

その中で興味深かった話は、ある画家がUFOにのせられて戻ってきたら、それまで写実的な絵を描いていたその画家の作風がガラリと変わり、突然ピカソのような抽象的でクリエイティブな絵を描くようになったということです。UFOと接触しただけで、作風も考え方も何もかも変わるのがつねなのです。ソ連当局は、ほかにも膨大な量のUFO情報を持っていました。

一九八〇年代には、私は台湾のUFO研究家とも交流しました。中国政府もUFO研究をおこなっていたし、アメリカやイギリスが当時持っていたデータも、ロシア以上に膨大だったはずです。大国間でUFO情報を積極的に交換すらしていました。しかも、ほとんどが軍事関係の情報です。

彼らにとって戦争は、シナリオのあるドラマであり、金儲けの手段です。彼らは戦争を経済手段だと思っています。二〇二二年に始まったロシアのウクライナ侵攻でもそうした志向を強く感じます。

大国間の宇宙開発競争もお粗末です。インチキな演出をしながら、大国同士が競い合ってきました。どの国も自国民の愛国心を煽《あお》る道具に成り下がっており、壮大な嘘ばかりついています。背伸びしすぎているのです。

もちろん人類が月までいったのは事実です。しかし、月までいったときにわかったことがあるはずです。数多くの宇宙人が存在するということです。多数のUFOが飛んでいます。月の裏側にも基地があります。すごすごと引き揚げるしか、ほかに方法はなかったはずです。だから月探査は突如終わったのです。

いまさらながら、中国や日本を含む世界各国が月探査や月開発に意欲を示していますが、いったいどこまで本当のことが明かされるのか、あるいは明かされないのか、注視しています。

UFOは地球人のここを視ている

こうした地球の右往左往ぶりを目《ま》の当たりにしても、宇宙人の考えは終始一貫していまず。基本的には地球人を恐れさせないということです。権力者はUFOを恐れていますから、宇宙人は、権力者の前には出ないほうがいいと考えます。逆に「UFOに会ってみたい」という人や子供の前には出てきます。恐れがないと、出現しやすいのです。

UFOを幸せや喜びの中で受け入れるのか、それとも単なる利権を脅《おびや》かされるという恐れからUFOをみるのか、そこを彼らはしっかりとみています。人間のエゴイズムの方向にも注視しているわけです。

とくにUFO側は、地球人がすぐに黒白をつけたがり、善悪を主張し、敵と味方に分ける傾向が強いことに警鐘《けいしょう》を鳴らしているように感じられます。

「A」と「マイナスA」(Aの反対のもの)、善と悪、黒と白――どちらの可能性もあるのだと思うことが大切なのです。両方みえる立ち位置をまず確保したうえで、とりあえずみんながどちらを選ぶかをみながら、その感情に寄り添うことが大事です。

この両方の感情に寄り添うということが重要なのですが、異なる意見や立場があるときに、人は恐れから極論を選ぶ傾向があります。一方的に相手を否定したい、論破したい、負けを認めさせたいという感情が起こり、極論に走ります。その結果、ネットやメディアからリンチに遭《あ》うこともあるでしょう。好き、嫌いとか、敵と味方に分けて判断してはいけないのです。

好きでも嫌いでも、敵でも味方でも、まずその両方の感情に寄り添ってみることです。そして、対立する思想を超えた、第三の視点ともいえる思想を持つべきです。そうした問題意識はつねに持つことが大切です。それが知性です。

宇宙人は必ずみています。どちらの感情にも寄り添いながら、第三の視点を持つことが大きいポイントなのです。

交信によって才能を開花させた人たち

もう一つ、宇宙人が人類に与え続けている根本テーマは「自由と発展」です。まったく分野を問いません。UFOとの交信によって、才能や表現能力を開花させた人たちは多岐にわたっています。芸術や科学、言語学、ビジネス、農業など幅広い分野で自由闊達《かったつ》にその能力を伸ばしています。

芸術の分野では、変化が顕著《けんちょ》に表れることがよくあります。

初期のコンタクトでは、画家が宇宙人とコンタクトすると、自由闊達にシンボル的な絵を描くようになります。その代わり、宇宙人やＵＦＯそのものは写実的に描くという現象が起こります。ＵＦＯとのコンタクトは、作風にも非常に大きなインパクトを与えるのです。

電子工学系の研究者がコンタクトすると、発明品をたくさん生み出すようになります。論理展開能力が向上することもあります。クロアチア生まれのアメリカの発明家ニコラ・テスラ（一八五六～一九四三）や、同じくアメリカ人のトーマス・エジソン（一八四七～一九三一）が、そのいい例といえるかもしれません。というのも、二人とも未知なる存在からメッセージを受け取って、多くの発明をしていたとみられるからです。

宇宙存在を主張した
発明家ニコラ・テスラ

電信機、電話機、蓄音機、無線電信の発明や改良をしたことで有名なエジソンは、面白い発言をしています。彼はそうした数々の発明はすべて、自分の頭の中に住んでいる知性の電子集団「リトル・ピープル」が未知の情報を与えてくれるからだと公言しています。つまり、電子集団と交信することによって、閃《ひらめ》きを得るのだと考えていたことになります。まさにUFOとの交信そのものともいえます。

テスラもまた、閃きを活かす達人でした。あるとき、公園を友人と一緒に歩いていると、稲妻のようにアイデアが閃き、交流モーターの設計を創案しました。しかも閃いたときのイメージは極めて鮮明かつ詳細で、確固たる存在感もあったと彼は話しています。まさにテレパシー交信そのものです。彼はその後も電力輸送、無線通信に関連して次々と新しいアイデアを発案し、電気時代の発展に貢献しました。

テスラは一八九九年、電波で電力を送る実験中に、数や秩序を持った正体不明の信号をキャッチ。その奇妙な信号は太陽系外の宇宙からのメッセージではないかと主張した初めての科学者としても知られています。彼は最晩年には、自分の前世は金星人であったとまでいっていたそうですから、彼の発明の数々はUFOからの示唆《しさ》があった可能性があるように思われます。

日本でも在野《ざいや》の発明家が宇宙人とコンタクトして、たくさんの発明をしています。大阪大学工学部の工作センター長だった政木和三《まさきかずみ》（一九一六〜二〇〇二）も、宇宙の知的生命体からの示唆やアドバイスを受けて、瞬間湯沸かし器や自動炊飯器など三〇〇〇件に上る発明特許を手がけました。しかも、その発明特許を無効処分にしたので、電機メーカーの関係者の試算で四〇〇〇億〜五〇〇〇億円の特許料を放棄したといわれています。

五〇年先を読んで、コンタクトを決める

コンタクトは、個人だけでなく集団で起こることもあります。

ごく一部の人にしか知られていませんが、かつて南米では、ある人物を通じてＵＦＯ側へのアプローチがあり、修学旅行中の高校生がバスごとＵＦＯにのせられて拉致《らち》される事件がありました。

私が受けた報告では、四〇人ほどの生徒がのっていましたが、バスは間もなく戻ってきたといいます。その後、ＵＦＯは学級委員長のところにくるようになり、クラス全員とずっとコンタクトが続きました。

生徒たちは、宇宙人から聞いた話をセロハン紙に書いて、それを記録しました。その写真をみせてもらったことがありますが、かなり分厚い束になっていました。内容は図形を中心にしたメッセージが書かれており、その図形をみた瞬間に、私は宇宙人からのコンタ

クトに間違いないと確信しました。最初は、宇宙のシンボル的な図形を学ばせるというカリキュラムがあるのです。これはコンタクト体験者がお互いの共通点を確認するパスポート的な役割も果たします。

その後、生徒たちが具体的にどうなったかはわかりませんが、おそらくそれぞれの子がいろいろな分野で活躍していると思います。

台湾では家族ごとＵＦＯにのせられ、その際、親子それぞれが宇宙人からまったく別個の知識を与えられたというケースがあります。

家族ごとＵＦＯに連れ去られたというケースは日本でもあり、そのときも、家族それぞれに別々の知恵や知識が与えられています。

こうしたコンタクトがどうして起こるかというと、宇宙人が未来からみて、この家族やグループにコンタクトすると、未来によい影響を与えることができると判断しているからです。一〇年、あるいは五〇年先の未来をみています。いわゆるヒッピーのように、どんどん社会から遊離していくような人たちには、長期的なコンタクトはありません。現実社会から遊離してしまっていては、地球の未来にいい影響を与えるという結果を生まないからです。

人間の未来を予測する装置の仕組み

じつは宇宙人は、地球上の個々人の過去や未来もある程度読めるような個人の波動観測機、いわば「バイブレーション・リサーチャー」と呼べる装置を持っています。

記録用円盤を地球の上空に滞空させ、そこからビー玉状のごく小さな「バイブレーション記録センサー」を下界に飛ばします（194ページの図参照）。その「ビー玉」は特定の個人の周囲の空間を浮遊し、その人間が出す波動、もしくは「オーラ」と呼ばれているものをキャッチし記録していきます。

記録し終わった「ビー玉」が円盤に戻ると、それを「読み取り装置」ともいうべき機械のシリンダーの中に入れます。すると、シリンダーが下がって内容を読み取り、その人の過去が再生できるだけでなく、未来の状態を予測することができるのです。シリンダーの上部に手をかざすだけでも、その人の波動の内容がわかるようになっています。

どうして過去や未来がわかるのかという疑問を持たれると思いますが、じつは一人ひとりの人間には、その人特有の霊的な性質を表す周期があるのです。それは霊的なエネルギーが変調するサイクルのようなもので、過去と未来におけるそれぞれに特有の周期を持っています。多少変動しながらも、その周期に同調して私たちは生きているのです。

たとえば私の場合は、過去において地球時間で約三〇分に一回、霊的なエネルギーが変調するサイクルで動いてきました。宇宙人はそのサイクルを「過去コード48」と記しています。

そして未来においては、地球時間で約一八五時間（約七・七日）に一回、霊的エネルギーが変化する周期を持っています。宇宙人はそのサイクルを「未来コード510」と記録しています。そのことが書かれているのが、一九八〇年八月二二日の私のコンタクト・ノート（54ページ参照）です。

この周期を含めて、すべてのコンタクティーにはコンタクト・コードがあります。その出し方は次の通りです。

地球を指《さ》す固有のコードもあって、その数字は3515です。その地球コードから未来コードを引いて、過去コードを足します。そうすると、3515－510＋48ですから3053となります。同時に私には、「易《えき》」のように基本となる数字が二つあります。それが3と7です。先ほどの3053から3を引いた3050が私のアーカ・コード、3053から7を引いた3046が私のエーラ・コードとそれぞれ呼ばれます。アーカ・コードとエー

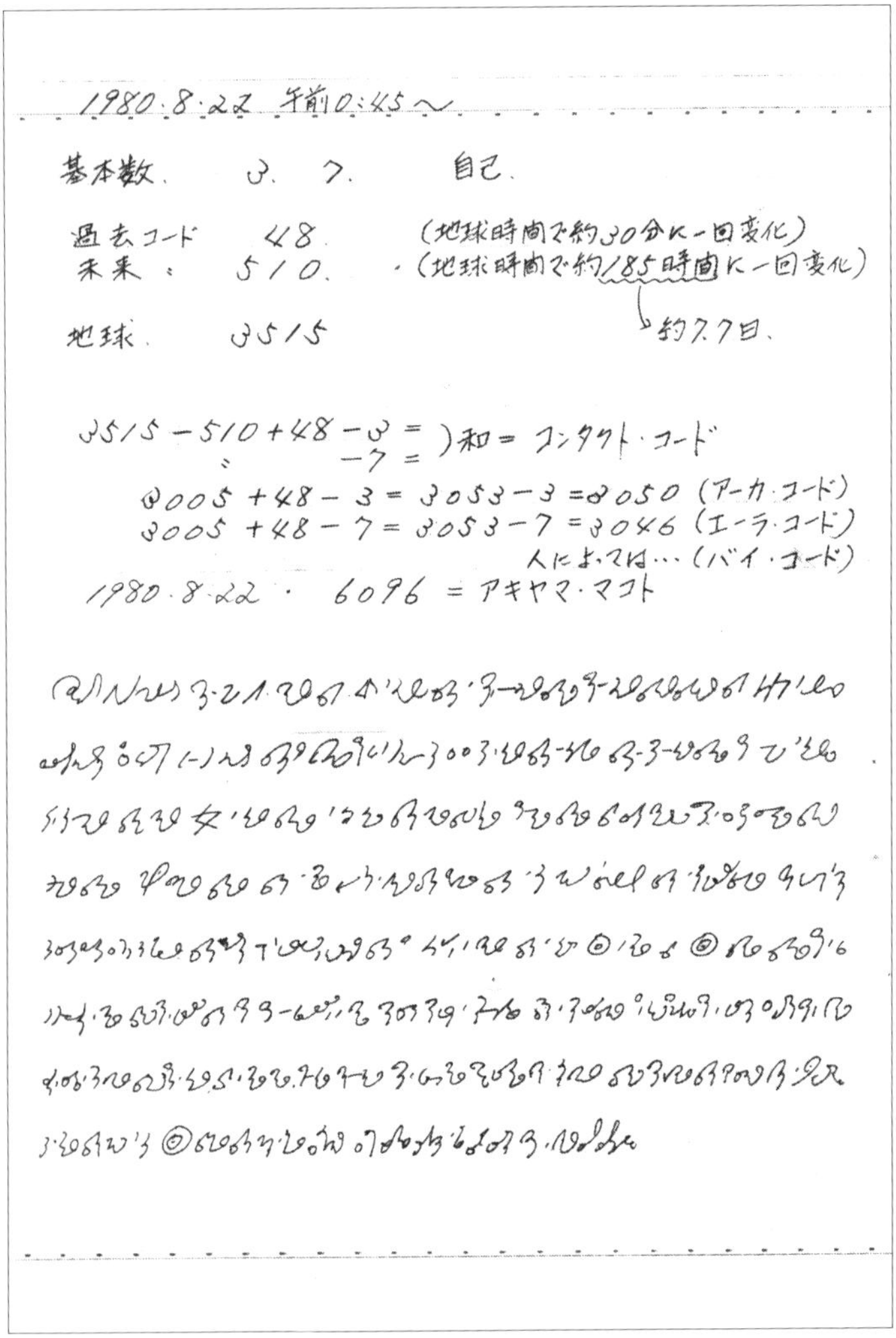

1980.8.22 午前0:45〜

基本数　3.　7.　自己.

過去コード　48.　（地球時間で約30分に一回変化）
未来：　510.　（地球時間で約185時間に一回変化）
→約7.7日.

地球.　3515

3515−510+48−3＝
　　　　　　　−7＝ ）和＝コンタクト・コード

3005+48−3＝3053−3＝3050（アーカ・コード）
3005+48−7＝3053−7＝3046（エーラ・コード）
人によっては…（バイ・コード）

1980.8.22・　6096＝アキヤマ・マコト

宇宙人から教わった内容を記録した、著者（秋山）のノート

ラ・コード（人によってはバイ・コードと呼ばれる場合もある）が何であるかは、いまは明かせません。いずれにしても、３０５０と３０４６を足した６０９６が一九八〇年八月二二日時点の私のコンタクト・コードなのです。それが「６０９６＝アキヤマ・マコト」の意味です。

その下に書かれている文字のような記号は、人間の悪い性質を浄化するためのシンボルとなるコードです。人間の生みつけられた業《ごう》と宇宙との摺《す》り合わせをするための一種の「曼《まん》荼羅《だら》コード」です。このコードは左から右へ、左から右へと何となく目で見て追うだけでいいのです。それで浄化されます。一種の業を浄化するコード・シンボルといえなくもありません。

宇宙人は初代の米大統領とも接触した⁈

このように彼らは「ビー玉」を使った監査記録装置で一人ひとりの霊的エネルギーの傾向や波動・周期を読み取って、その人にとっての完璧なタイミングを計ってコンタクトしてきます。当然、その人にコンタクトすれば、どのような運命律になるかを測ってコンタクトします。

その人が自由になるために成長・発展するか、他者や外部に対してどのように働きかけることができるか、あるいは未来においてどう地球にいい影響を与えるようになるかが、ポイントになります。

宇宙人は、その人が地球を自由の方向に進化させるための広報者として、伝達者として、知らせる者として、力を持つことになるのかどうかを慎重に吟味《ぎんみ》します。当然、大国の大統領は非常に大きな影響力を持ちます。果たしてそれがいいことなのかどうかをよく検討します。

あるいは、特定の人との接触によってもたらされる、ある特定の諸技術が後々、地球に大きな影響を及ぼすのかどうか、どのような影響を及ぼすのかをよく検討します。宗教や哲学の分野ではどうか、社会や政治、文化の分野ではどのような影響を与えることができるかを詳しく調べ、予測します。

聞くところによると、実際に初代米大統領になったジョージ・ワシントン（一七三二～一七九九）はアメリカ独立の前、宇宙人と接触したという証言があります。宇宙人は後々、どのような影響を及ぼすかを深く調べたうえで、コンタクトしたのではないでしょうか。

あらゆる分野での影響を総合的に見極めて、未来のあるべき地球からみたキーパーソン

宇宙人と接触したと噂されるワシントン米初代大統領

を宇宙人は選ぶのです。だからこそ、過去から未来に至るその人の周期的なエネルギーのパターンを「ビー玉」型UFOなどを使って収集して、分析するわけです。

彼らは、それを一瞬のうちに割り出せる科学を持っています。科学といっても、地球のような短視眼的な科学ではなく、超時空的な心理学とも呼べる科学です。宇宙人はそうした超時空的な科学をすでに確立しています。

ただし、未来は不確定で、変わりやすいものです。その時点では、いい影響を予測できても、不確定要因が働いて未来が変わることもあります。そのときは微調整を加えて、可能な限り人類がよい方向に向かうよう、助力します。

個人だけでなく、社会から集団、国家レベルになると、彼らはそれを「地球計画」と呼びます。地球人をどう気をつけさせなければいけないかを調べます。しかし宇宙人が個々人だけでなく、社会から集団、国家レベルでかかわる場合は、その惑星が滅びるか滅びないかの瀬戸際にいるときだけです。

地球人の心が整うのを待っている

これまでの歴史をみると、人間は集団になると狂暴化しやすくなる傾向があります。リンチや人殺し、戦争などをするようになるのです。あらゆる社会や国家の犯罪を正当化しようとするのが人間です。大規模なプロパガンダもおこなわれるし、民衆はすぐに煽《あお》られて、戦争を叫ぶようになります。人類の歴史が証明しています。

社会単位になると暴走し、激しい罪を犯すというのが、地球人の性《さが》であり、つねなのです。そのことは宇宙人も重々わかっていて、それを見越して要所要所の個々人に働きかけるのですが、誤作動を起こすこともありますから、奇妙に聞こえるかもしれませんが、その場合は、激しい罪は分配して個人に返せばいいとも思っています。

たとえば、かつて多くの人が共産主義にあこがれを持ちました。確かにすべての人が平等に扱われるというカール・マルクス（一八一八〜一八八三）が唱えた共産主義は、理念的には間違っていなかったのかもしれません。しかし、いままでのカルマや能力に対しての平等観ではなかったわけです。

じつは、私たちは生まれながらにして不平等なカルマを持ってこの世に誕生しているのです。カルマは、自分たちの過去生や、場合によっては血統・先祖からきている「業《ごう》」とも呼べるもので、スタートラインからして平等ではありません。それでもちゃんと、誰もがそのカルマを清算できるような能力も備わって生まれてきています。ヘビー級の人にはそれに見合ったバーベルがあるように、ライト級の人にはそれに見合ったバーベルがあるわけです。

しかし、社会を変えるものは物質であり、物質がすべてだと思っている人たちは、そのようなカルマが存在するなどとは想像することもできません。何でも「平等、平等」といって、ライト級の人たちにもヘビー級のバーベルを与えることになります。みんながヘビー級のバーベルを上げることは確かに平等のようにみえますが、その人の意志にも器量にも沿わないアンバランスな状態を続けることによって、余計なカルマが生じたり、業を背負ったりすることにもなりかねません。

この図式は、「効率、効率」といって機械のように人間を働かせる利益至上主義にも当てはまります。

しかし、宇宙人はこのようにアンバランスな平等や効率を押しつけるようなことは一切考えていません。**個人の能力に応じて、あるいは前世からの業や、前世で交わしたある種**

の「約束」に応じて、コンタクトします。そしてその約束を果たす準備が整ったかどうかを宇宙人たちはみているようです。

つまり宇宙人側は、その人がコンタクトをする条件が整うのを待っているのです。地球人に呼びたい気持ちがあって、かつ条件が整ったらUFOはいくらでもやってきます。そうしたらコンタクトが自然に始まると思ってください。

地球人は間違った方向に進化しようとしている

宇宙人は地球人の進化を見守る過程で、地球人のテレパシー能力、あるいは量子的通信能力ともいえる能力の開発具合や、宇宙へのかかわり方をずっと観察し続けてきました。宇宙人は地球人の能力を向上、進化させたいと思っているのです。

しかし、ここに向上や進化とは何かという問題も出てきます。同じゴールを目指しても、そのゴールに行き着くには、無数の道があるからです。ある人類にとっては、距離が短い右の道よりも、距離が遠くなるけれど多くを学べる左の道のほうが、長い目でみると進化を加速させる場合があるからです。右の道が向上だと信じても、じつは左の道のほうが向上なのかもしれません。あるいは右でも左でもない、第三の道が中央に横たわっている可能性もあります。どちらが向上でどちらが向上でないかという問題は、意外とわからないものなのです。

地球人はいま、じつは間違った方向に〝向上〟しています。進化は科学的技術のみの向上で成し遂げられると信じて疑いません。そのため、物質性、合理性、効率性が進化の決め手であると考えています。

科学の分野では、物質的な力によってすべてが明確かつ合理的に説明できると信じ、彼らの方程式に当てはまらない現象は否定します。誰もが形にする、数字にする、言葉にすることを求めています。

それはある意味、わかりやすい世界ではありますが、その結果、社会ではあらゆる数値によってその人の価値が査定され、インターネットではお互いに追い詰められ、お互いに縛られ、最悪の場合は悪意を持って批判され、自殺に追い込まれる人も出ています。

しかも、そのようなひどい状況に陥《おちい》っているのに、多くの人はそれを進化だと思い込んでいます。

本当の進化は、まず精神的に自由になることです。心が自由自在になることが本当の進化なのです。お互いの心が自由自在になったとしても、お互いが喜びで満たされたり、幸せだなと深く感じたりするような方向に人類は進化すべきなのです。物があるか、ないか、ではなく、恐れることなく人を愛せるようになるか、そのための知恵が教育の中でちゃんと教えられるかどうかです。

目指すべき進化・向上の方向とは

物をどんなにたくさん持っていても、人間の心に寄り添わない物であれば、それは意味がありません。無用の長物《ちょうぶつ》です。

お金も同じです。お金が欲しい、欲しいといって稼いでいるうちに、自分がお金をなぜ稼ぎたいのかわからなくなってくるようでは意味がありません。宮崎駿《みやざきはやお》のアニメ『千と千《ち》尋《ひろ》の神隠し』に出てくるカオナシになってしまいます。お金をたくさん持っていても、一家離散した人たちはたくさんいます。

お金は確かに大事ですが、人間の心、ビジネスに挑戦するマインドが一番重要なのだと気づいた鉄鋼王・アンドリュー・カーネギー（一八三五〜一九一九）は、生前に三億五〇〇〇万ドル以上を寄付。遺産の三〇〇〇万ドルも基金や慈善団体に遺贈し、結局子孫には一銭も残さなかったとされています。

人類の向上・進化に必要なものは、物でもお金でもないのです。私たちが幸せになることこそが、向上・進化なのです。

幸せになるということは、自分や他人の心地よいバランスや、物と心の程よい考え方のバランス、あるいは思考から生まれた学術的認識と直感から生まれた感覚的認識の心地よいバランスがなければなりません。すべてにおいて、自由と美しさが担保されて、人類の進歩があるのです。人類の進むべき道はその方向にしかありません。

現状をみると、物質の豊かさや科学技術の進歩は、必ずしも人類を幸せにしていません。そこが問題なのです。人間を真に幸せにしない物や技術にこだわり、しがみつくのは愚の骨頂《こっちょう》です。山の中のログハウスでの暮らしが幸せな人は大勢います。小学校しか出ていなくても、幸せな人生を送っている人だってたくさんいます。逆に大学院を出てお金持ちになった人でも、不幸な人生を送って自殺した人もいます。

つまり、物が豊かでお金にも恵まれた環境があるかないかは、幸せとは必ずしも一致しません。重要なのは、何の目的で物やお金が必要なのか、ということです。

物やお金がなくても幸せになれる人がいますから、本質的には物やお金などの物質は幸せとは関係ないものなのです。物やお金は趣味の問題ともいえます。趣味で死ぬ必要はないと思います。趣味は喜びの中につねにあるべきものなのです。それなのに、お金や物のために不幸になるのは、明らかに本末転倒です。煙草の好きな人がいて、科学が好きな人がいる。物やお金、地位などはその程度のものなのです。

宇宙からやってきた、私たちの遠い先祖

そうした物質偏重《へんちょう》の価値観を押しつけることによって、いま「科学」と呼ばれているものが、子供の幸せや可能性をつぶしてしまうのならば、その国の将来はありません。大学を卒業するために子供に負債を追わせ借金漬けにして、経済的に追い詰めるのも、亡国への道以外の何ものでもありません。非常に危険な状態だと思います。

地球人の、そのような矮小化《わいしょうか》した思想に染まってはいけません。私たちは、宇宙に心を開いて、宇宙存在に対してテレパシー交信を図って、幸せになるための宇宙の哲学や法則をもっと学ぶべきなのです。こうした知識と比較すると、学校の教科書など、とるに足りないものです。

一方、宇宙人側は、いままでどのように地球人に接してきたのでしょうか。まず、原則として宇宙人が地球人を襲うことはありません。宇宙人に誘拐されたとか、光線銃を撃た

れたとかいう話を聞いたことがあるかもしれませんが、ほとんどがでまかせです。むしろ**宇宙人は地球人を怖がらせることがないように、また地球人の文化に干渉することをせずに、さらに地球人の自由を束縛することもなく、地球人の考え方や視野を広げてあげたい、心を自由にしてあげたいと思っている**のです。

　地球人がなかなか自由になれない原因の一つに、教育の問題があります。教育という名のもとに、子供の自由を奪ってきた感はぬぐえません。私たちの小さいころは、学校で教師から往復ビンタを食らって、鼓膜《こまく》が破れた子がいました。床に長時間正座させられたり、先生から殴られたり蹴られたりする子も大勢いました。

　いまは、こうした問題は多少改善されたかもしれませんが、それでも学校生活が理不尽なことだらけである状況は、いささかも変わっていないのではないでしょうか。地球の教育制度は足りないものだらけなのです。

　そうした悩める子供たちやその親、そして教師に必要なことは、**まず無限の宇宙に意識を向け、そのエネルギーを感じ、そして最終的には宇宙人と接してみる**ということです。

　最初から宇宙人に対してオープンマインドにすることは、簡単ではないかもしれません。異質なものや未知に対する恐怖から尻込みする人もいるかもしれません。しかし、私の経験からいえるのは、宇宙人は明らかに敵対的ではないということです。

それはこれまでの気の遠くなるような長い期間における地球人類史が証明しています。宇宙人の地球侵略などなかったし、これからもありません。

それとは別に、私たちの遠い先祖が宇宙からやってきた可能性はあります。私たちが空や宇宙にあこがれを感じるのは、もともと私たちが宇宙からきている存在だからではないかとも思えます。

じつは、宇宙人もそのことを地球のコンタクティーに伝えようとしています。私たちの故郷は目の前に広がる宇宙なのです。私たちのルーツは宇宙にある、と。いまは地球にいるけれども、最初から地球にいたわけではありません。

宇宙人はそうした悠久《ゆうきゅう》の人類の歴史を知ったうえで、宇宙の同胞として私たちに手を差し伸べているのです。

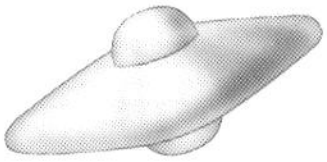

2章

宇宙人のメッセージはいかに受け取るべきか

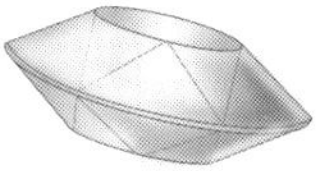

コンタクトの前段階に必要な準備とは

あなたにＵＦＯを呼びたい気持ちがあって、かつ条件が整ってコンタクトが始まったとします。そのときに迷ったり混乱したりしないために、メッセージの仕組みをお話ししておきましょう。

宇宙人とコンタクトした人たちは、実際にはある種の段階を経てコンタクトを深めていきます。彼らがコンタクトするに当たって注意していることは、なるべく地球人を怖がらせないようにすることです。人間は怖がりなので、その人自身が重要な状況に差し掛かっているのに、一歩も踏み出すことができない生き物でもあります。恐れがあるうちは、宇宙人の真意やメッセージを正しく受け取ることはできません。そこで彼らは、これはという地球人に対しては、その人の恐れをなくす練習・レッスンを早い時期に始めます。

宇宙人とのコンタクトを始めたコンタクティーでも、途中から恐怖心などにかられて脱落してしまう人はたくさんいます。私も大勢のコンタクティーをみてきましたが、脱落者は本当に多くいます。彼らにいえることは、単純に恐れから脱落するケースと、自分がほかの人と別の知識を持っていることに対するプレッシャーで押しつぶされていくケースがあります。

そのプレッシャーは、スパイ（諜報部員）のプレッシャーに似ているかもしれません。人が知り得ないような情報を得て、それを隠し通して黙っていなければならないというプレッシャーです。二重スパイなら、さらにプレッシャーが二倍増すはずです。そういうプレッシャーの中で、自分の精神状態を維持するのは並大抵のことではありません。そのためにトレーニングしなければなりません。だからコンタクティーにも、未知のものに対する恐れを軽減するような訓練を施すわけです。

幼少期におこなわれるマーキング・コンタクト

宇宙人は安定した心、強い心を持つということをコンタクティーに教えようとします。私はそれを「心に筋肉をつける」とたとえたりしますが、要は恐れとか迷いにちゃんと対《たい》峙《じ》して、解決すべく努力できるコンタクティーにつくり上げようとするということです。恐れや迷いが先行して、最初から及び腰になってしまっては、コンタクトしたくてもできません。

そうならないように、ごく初期に恐れが生じないように、**何か超常的で不思議な体験を**

させます。具体的には、一五歳くらいまでの間に必ず一回は、UFOをみさせるとか、ちょっと地球人とは違うぞと思わせるような謎の人物が会いにくるとか、未知のものに遭遇させるとか、地球の科学では説明のつかない不思議な現象を体験させたりします。

そうした場合でも、怖がらせないように、家族と一緒のときにそうした現象を発生させたり、遭遇させたりします。ただし、はっきりとUFOだとわからせたり、宇宙人だとわからせたりはせず、何となく変だなと思わせる程度の出現の仕方や経験のさせ方をします。だから、その場にいたほかの家族はすっかり忘れて、自分だけが覚えているということが起こるわけです。それらを私は、マーキング・コンタクトと呼んでいます。いわば、唾《つば》を付けるようなものです。

私の場合は、小学校三年生くらいのころ、父親と地元の登呂《とろ》遺跡にいったときに拾った、ゴルフボール大の楕円《だえん》の茶色い鉄のような玉がそれでした。よくみると、中央部に環状の、非常に細かい彫刻が施されていました。

一見すると一部が錆《さ》びた鉄のようで、質感同様、ずしりと重みを感じました。そのときは古代の遺物ではないかと思いました。

それで父親にそれをみせようとして、ジャンパーのポケットにしまい、ポケットのジッパーを閉じて持っていったら、あるはずの玉は消えていたのです。その不思議な体験はずっと記憶に残ったままでした。

幼いときにはほかにも、光の玉が家の隅にずっととどまっていたり、外を飛び回ったりしているのを何度かみています。しかしそのときは、超常現象とかUFOとかいう概念さえ持っていませんでしたから、「何か変だな」「不思議だな」と感じただけで、気にかけませんでした。ただ「得体の知れないもの」が周りにいるという微《かす》かな感覚だけが残ったのです。

こうしたマーキング・コンタクトがあると、後にUFOからの本格的コンタクトがあったときの恐れの度合いが違ってきます。恐怖心がかなり軽減されていきます。

私が経験したわけではありませんが、コンタクティーの中には、小さいときにいわゆる河童《かっぱ》のような宇宙人と手をつないで歩いたことがあるという人もいます。小さいときから宇宙人と地球人との間の特殊な通信機として使われる小さな物体が体内に入っている場合もあります。UFOにのせられて飛行し、地上に帰ってきたとか、第三種接近遭遇（宇宙人との接触）を実際に体験した子供もいます。

しかし大抵は、淡《あわ》く記憶に残っていて「あれは何だったのかな」と思わせる程度のマーキング・コンタクトです。意味はわからないけれども、宇宙存在に対しての恐れは間違いなく軽減されます。その状態が、宇宙人がコンタクトをするに当たっての事前準備段階といえます。子供時代に不思議な生き物や光るものに触れて、「妖怪だ」などと思いながらも、なぜか懐《なつ》かしく親しんでしまうのはなぜなのか。宮崎駿のアニメに出てくるトトロのような精霊や妖怪に共感してしまう日本人なら、ここまでのマーキングをかなりの数の人が体験しているはずです。

マーキング・コンタクトは、基本的に派手な経験ではありません。マーキングの段階で、やたら派手に幽体離脱《ゆうたいりだつ》して「凄い世界にいった」という人がいたら、それはちょっと怪しいなと思わなければいけません。「田舎の川からみた光の大きな物体は何だったのかな」くらいのほのかな不思議体験です。多くの場合、ほかの人もみていますが、その人たちはケロリと忘れています。自分だけが覚えているのです。

このコンタクトは、後々コンタクトが深まるタイプの人には必ず一回はあるようです。

初期段階のコンタクトで起こること

マーキング・コンタクトの後、徐々にコンタクトが始まりますが、ある程度の年齢になってから、つまり一五歳前後で本格的なコンタクト体験が始まります。

最終的には巨大ＵＦＯと遭遇したり、ＵＦＯに連れていかれたり、宇宙人からのテレパシーを受信したりするようなことに発展するケースも少なくありません。

そうした派手な経験をする前に、宇宙人とのテレパシーでのつながり感を確認する時期がきます。

最初は、直径四〇メートル以下の小さなＵＦＯが、意識するとよく出てくるようになります。**最初にみたＵＦＯの光景や、マーキング・コンタクトの際の光景を思い出すだけで、何となくＵＦＯが現れるようになる**のです。同時にＵＦＯが出現するときの感覚がわかるようになります。それは昔の仲間が会いにくるような、不思議と懐かしい感覚です。

また、ＵＦＯがそばにいると、何となく頭蓋骨《ずがいこつ》の周辺に圧がかかったような、独特の体感を経験するようになります。圧がかかるのだけど、頭の中は非常に冴《さ》えているというような状態になります。圧によってＵＦＯがきていることがわかり、直感によってＵＦＯがいる方角もわかります。ＵＦＯが飛び去ったときは、目にみえなくとも飛び去るのを感じることができ、いなくなるとその体感もウソのように消えてしまいます。

この段階になると、人を集めてＵＦＯを呼ぶことができるようになります。ＵＦＯとテレパシーでつながる状態になって、呼び掛けるとUFOがくるという現象をひんぱんに起こすことができるのです。

その段階と前後して、さまざまな図形をテレパシーで受け取るようになります。半覚醒《はんかくせい》状態のときや、覚醒時にぼんやりしていると、映像がテレパシーで送られてきてみるようになります。場合によっては、白日夢《はくじつむ》のように日中、空に図形の映像が現れることもあります。

テレパシー教育の本当の意味と目的

このテレパシーで送られてくる図形にも段階があります。

最初は単純図形です。三角形だとか、丸だとか、二重の同心円だとか、四角形だとか、卍《まんじ》だとか、それこそ超能力の実験で使われるESPカードにあるような単純図形が送られてきます。古代人の宗教的シンボルによく使われた基本図形ともいえます。基本的には、最初は三角形や卍が多くみられます。その二つの図形は、とくにひんぱんにみるようになります。

これらは単純図形のテスト・パターンのようなもので、要するにその人物がテレパシーを受信できるかどうかを試すものです。さらに受信した映像にキャプション（見出しや説明）がついていなくても、「何だろう」と思って自ら探求できる好奇心があるかどうかをチェックするテストでもあります。

そのうち今度は、テレパシーで送られてきた図形と同じものが、自分の周囲に現れるようになることを経験するようになります。たとえば、三角形や卍が自分の生活の中でしばしば目に飛び込んでくるようになります。つまりこれは、環境と自分の意識が連動、共鳴していることを教えるためのカリキュラムであるわけです。送られたシンボルを中心にして意識と環境が共鳴していることを学ばせます。

それによって、特定の数字が気になったりするようになります。数字には数だけではない意味があることがわかってきます。

宇宙人が宇宙語で数字を送ってくるのは、数字には特定の意味があるからです。よく送られてきたのは、9、13、15、18、23、24、33、それから66や99といった6と9のゾロ目です。こうしたナンバーがなぜか気になるようになります。数字は、ただ数を表記したものではなく、それぞれの数字に力を感じるようになるのです。

色も同様に送られてきます。そして、色にも特定の意味があり、それぞれ力があること

をわかるようになるわけです。同様に形にも特定の意味があり、それぞれに力があること
に気づかされます。

するると、受信する側はその意味を探求したくなってきます。積極的に探求することによってその意味がわかってくるのです。自分で調べて意味がわかると、宇宙人は「よくわかったね」という感じで、メッセージを送ってきます。答えを送ってきて、答え合わせをします。独学・自習で答えを導き出した小学生に先生が花丸をあげるようなものです。わからないうちは次のメッセージを送ってきません。

このように、**テレパシー訓練の背景には、図形や数字、色には個別の意味があることが自分で調べてわかるというカリキュラムがある**わけです。同時に、受信することに集中させることがポイントになります。というのも、地球人はやたら発信力だけは強くて、宇宙から送られてくるメッセージを受け取る能力はあまり優れているとはいえないからです。

地球人は、生霊《いきりょう》は飛ばしまくるは、「私の願望を実現しろ」とばかりに神に願いまくるはで、宇宙人からすると、念力を飛ばしまくる非常にうるさい住人のようです。わがままで、いつもわめいたり泣いたりしてばかりいる駄々《だだ》っ児《こ》のようなものです。大人のいうことを聞きません。だから、最初は受信に集中させる訓練を課すわけです。

受信下手の背景にある地球人の性《さが》

宇宙人は昔から、有用で重要なメッセージを地球人に送り続けてきました。ところが、地球人はそれらのメッセージを受けるのがとても下手《へた》で、仮に受けたとしても、自分勝手に解釈して内容を曲げてしまい、すぐに間違えます。しかも地球人の癖《くせ》で、その間違えた解釈ほど強く信じ込みます。じつは、受け手側も間違えて解釈して受けているというのが何となくわかっているのですが、意固地《いこじ》になるのです。そして頑《かたく》なに「間違っていない！」と叫んで、間違ったまま信じ込むのです。不安に思っている人はだいたい、そう叫びます。

一部のエキセントリックな宗教の教祖のような人は、宇宙や神から啓示《けいじ》を受けたと信じて、「俺は神だ！　間違ってなんかいない！」と叫びますが、そのようにいうこと自体、そもそも間違っています。そういってしまうということは、恐れや不安を深く持っていることの裏返しなのです。そして、自分のところに人が集まってくると、恐れから反社会的な行動をとったりします。他の教祖を恐れたり、人と交われなくなったりします。

恐れは、つねに危険な要素となりえるのです。宇宙人がコンタクトするうえで、前段階として恐れを可能な限り減らそうとする理由は、そこにあります。地球人は、発信は得意ですが、受信は苦手です。しかも発信する際には、攻撃的で敵愾心《てきがい》に満ちていることが多いのです。その攻撃心はどこからくるかというと、「迷い」や「恐れ」からきます。それが地球人の癖なのです。同じ発信でも「愛しているよ」という愛情を届けるのは苦手で、そのくせ、愛情が届かないとわかると怒り出すような地球人の性《さが》が、宇宙にまで響いているのです。

迷いと不安、恐れと攻撃心は表裏一体のものです。迷うから不安が生じ、不安で恐れるから攻撃します。地球の歴史ではそれが繰り返されてきましたが、それはなぜかというと、地球人が長年にわたってそうした癖をつけてしまったため、そういう流れが自然にできてしまったのでしょう。攻撃心は連鎖して攻撃心を生む。それも攻撃しない善良な人たちが一方的に攻撃されます。二〇〇一年に米国で発生した九・一一テロでも、テロリストをかくまったアフガニスタンだけでなく、九・一一テロとは関係のないイラクまで「悪の枢軸《すうじく》」と決めつけられ、攻撃されました。

想念の性質が結果を引き寄せる

こうした攻撃の連鎖では、「こいつは攻撃したらたいへんなことになる」という国に対しては攻撃しないで、「攻撃しても大して反撃できない」と思われる国が狙われて攻撃されるのです。

ネット社会でも同じことが起きています。攻撃することを楽しんでいる輩《やから》も多々見受けられます。サディスティックな感情は多かれ少なかれ誰もが持っていますが、それが暴走しているのがいまのネット社会です。

地球人の誰もがつねに持っているそうした意識を、私たちは少しずつ外《はず》していく必要があります。いったん外すと、今度はほかから狙われるので、かなり勇気がいります。たとえば、コンタクティーがもし、そのコンタクトの内容を発表しようものなら、ありとあらゆる方面から批判されます。「コンタクティーなど頭がどうかしている人たちだ」とほとんどの人たちが思い込んでいるからです。アダムスキーやインゴ・スワン、そしてユリ・ゲラーといった人たちが、事実無根の言いがかりでどれだけ叩かれて、攻撃されたかわかりません。

みんなつらかったと思います。それでも、彼らは同時に誰かに助けられてもいます。必ず、理解してくれる人が出てくるのです。そうした人たちが集まってきます。テレパシーなどの特殊な能力が育っていくと、必要な人を引き寄せる能力も自然と身につくからです。

必要な情報を引き寄せる能力も芽生えてきます。そして、人がどうしたら喜んでくれるかがわかるようになり、人が喜んでくれることを中心に据えて行動するので、人が集まるようになります。言い換えると、よい想念を出せるから、そういう現象が起こるのです。

この状態になれば、その人はそこにいるだけで周りの人を癒やす「トータル・ヒーラー」になれます。個々の人だけでなく、全体を癒やすことができるようになるわけです。**本物のコンタクティーは、このように最終的にはトータル・ヒーラーになっていきます**。その人の周りでは、自然に人が幸せになっていき、自然に発展していきます。

逆にいつも人に対する攻撃ばかりを繰り返している人ほど、みじめな人生が待っています。攻撃ばかりする人は、周囲から一人去り、二人去りして、やがて親友や友人からも見放されて孤独になっていきます。つまり攻撃の想念、悪い想念を出しているからです。そして最終的には自分自身もつらくなってきて、弱っていきます。どんなに善人を装っていても、この運命から逃げられはしません。

その一方で、同じような悪想念を出す人たちも集まってきます。他人への攻撃がブーメランのように返ってきて自家中毒で苦しんでいる、ある種邪悪ともいえる人たちが、助かりたい一心で寄ってくるのです。まさに餓鬼《がき》の世界です。他人よりも自分の我欲《がよく》を優先する、餓鬼を持っている人たちが寄ってきます。それを取り除くのは、かなりたいへんです。「寄こせ、寄こせ」「くれ、くれ」「欲しい、欲しい」状態だからです。何もくれないとわかったり、「何か協力して」と頼まれたりすると、いなくなります。

攻撃されるつらさや、それでも集まってくる人々との出会いを経験して、コンタクティーは学習していきます。力もお金もほどほどにあればいいし、地道に働いて、好きな人たちと食事をしたりしてワイワイ遊ぶのが幸せという程度の欲の持ち方をしていれば、うまくバランスがとれることがわかってきます。普通の人間という座標を変えないまま、トータル・ヒーラーとしてたくさんの人たちを癒やせるようになり、コネクターとして重要な人はＵＦＯとつながるようにすることもできるようになるのです。

科学と権力が結びつくことの弊害

ここまでの段階に達すると、ＵＦＯの活動の状況もわかって余裕を持つことができるようにもなります。私たちがどんどん自由になることをＵＦＯが促していることも、はっきりと認識できるようになります。

そういう心境に達しないと、ＵＦＯは単なる恐怖の対象にしかなりません。月面着陸な

UFOを目撃したはずのアポロ17号乗組員

ど月面開発計画が一九七二年のアポロ一七号以来これまで頓挫《とんざ》していた理由は、月でＵＦＯがたくさん目撃されたからだと思っています。

そもそも心がうまく耕されていない人たちがＵＦＯを目撃してしまうと、恐れが先に立ってしまいます。政府は月にいるＵＦＯを恐れるしかありません。ＵＦＯが飛んできて、テレパシー交信が自由にできるようになって、フリーエネルギーが実用可能だといわれたら、ただ恐れることしかできません。すべての国民がそれらの力や情報を得たら、政府など倒れてしまうと恐れるわけです。だから隠蔽《いんぺい》したり嘘をついたりするのです。了見《りょうけん》が狭く、意識の受容力が少なかったら、私だってＵＦＯなどなかったことにしてしまうでしょう。

隠蔽している政府が悪いわけではないのです。政府はある意味、当たり前のことをしているだけです。国民が怖がったり不安に思ったりするような情報は隠すに限るのです。その政府自身がＵＦＯを怖がり、不安に思っているのですから、各国政府はいわば「地球の総意」として、ＵＦＯ問題に触れないようにしてきたのです。

現在、エネルギー問題と地球の温暖化は世界の課題ですが、宇宙空間に太陽電池を多数打ち上げ、そこで発電した電気を地球に送電する方法を実行に移せば、これらの問題はあっというまに片付きます。理論的には実現可能なのに、あまり進んでいません。初期投資の費用がかかるだけのはずなのに、なぜなのでしょうか。

じつは、すでに地球人が宇宙にばらまいた人工衛星や宇宙ゴミが無数の弾丸のように大気圏外を飛び回っているからです。なぜ宇宙がゴミだらけになるという未来を考えなかったのか、という地球人の問題がここにあります。

NASAが公開した、地球を周回する宇宙ゴミの映像

原発も同様です。原発の使用済み核燃料から出る「核のゴミ」は、今後も約一〇万年にわたって地球を放射性物質で汚染し続けます。それなのになぜ、夢のエネルギーとして崇《あが》められたのか、という問題があります。いまの雨水は酸性が強すぎて魚を飼育することもできません。なぜどこかで酸性雨に歯止めをかけなかったのでしょうか。

地球人の性であるその幼稚さ、拙《つたな》さ、無知さ、傲《ごう》慢《まん》さを挙げると切りがありません。

いままでの科学の暴走が、すでに地球環境に対してとんでもない破壊や汚染をもたらしています。

宇宙人たちがつねに地球を見守ることを怠らないのは、地球人がこれまでにも危なっかしいことを累々《るいるい》としてきて、目が離せない子供のように振る舞ってきたからです。たいていの地球人は当初、そのようなことに気づかず、後になってからたいへんなことになっていることを知らされます。最初から気づいている人が声を上げても、たいてい無視されます。多くの人はそのことを知っているので「我関《われかん》せず」を貫きます。後《あと》の祭りなのです。

愚かなことに、地球の科学が、地球人が目前の利益しかみていないことは、驚くほど証明されてきました。それなのに、みんなその科学の暴挙に対して「快挙だ」として手を叩いて喜びます。長期的に考えた利益や安全には、本当に何もしません。いま儲からないと、それはすべてムダだと考えているかのようです。目先の利益に手を叩く輩がいかに多いことか。しかしながら、近視眼的に利益を求めるので、長期的には時間が経てば、そのツケを払わされます。科学と権力がくっつくと、ろくなことになりません。

これは陰謀論どころではなく、正々堂々とまかり通ってきた事実です。

これから先も、目先の利益があるとわかると、大国は月面開発などと称して、相も変わらないポンコツな宇宙開発を始めるわけです。

精神と物質が一体化した科学とは

科学や権力に騙されないことが大切です。そこにエビデンスがあるということ自体をまず疑ってください。政府がこういったからとか、科学がそういっているからということは、本当の意味でのエビデンスにはならないのです。真のエビデンスは自分自身と、自分自身の体験の中にあるはずです。人生におけるエビデンスは、観察者自身の中にあるのです。

たとえば、宇宙人は非常に発達した科学技術力を持っています。時間や空間は、時空を超越すれば、ぐにゃぐにゃと変わることを発見しています。当然、いまこの瞬間だけに起こることをエビデンスにはしないわけです。いまここで物差しで測れるものは、次の瞬間には測れないことを知っています。物差しで測ること自体、意味がないのです。

そのことを知っている彼らがエビデンスの根拠をどこに置いたかというと、自分たちの意識に置いたのです。物質は意識と連動して動くからです。彼らの宇宙機にのれば、それがわかります。彼らの宇宙機は、地球の乗り物のようにボタンを押したり、レバーやハンドルを動かしたりして動くわけではありません。搭乗者の意識が宇宙機を動かすのです。想念と宇宙機が共鳴して瞬時に動くといってもいいかもしれません。

彼らは意識の研究を数千年にわたって続けたように思います。その結果、テレパシーを主体にしたコミュニケーションができるようになりました。個人の言語発信は原始的な手段にすらなりました。声を出すのは、ある種の社会儀礼や儀式のときだけで、彼らは基本的に言語をあまり使いません。それほどテレパシー能力が発達しているからです。

さらに彼らは、意識の状態が周囲の環境や物質にどのような影響を及ぼすかを真剣に調べ、研究したはずです。そして最終的には想念と物体、精神と物質が連動する物心一体の科学にたどり着いたのです。

私がＵＦＯ観測会を開催した際、それが如実に示されたことがあります。カメラのフラッシュを焚《た》いた瞬間に一二機ほどのＵＦＯが一斉に光ったのです。こちらが質問したときにイエスなら時計回り、ノーなら反時計回りに回ってほしいと葉巻型ＵＦＯに念を送ったときには、質問すると同時にＵＦＯが回転しました。

ＵＦＯにおけるすべての機器は想念と連動して、想念によって瞬時に動くのです。

UFOは、目ではなく意識のチューニングで視える

UFOは「みえる人だけにみえるのだ」という考えは正しくありません。UFO自体は物質的なもので、誰にでもみることができます。

ただ、たとえばUFOが飛行しているとき、広い空の空間では点に過ぎません。極端に接近してこない限り、点です。その小さい点を、パッと頭を向けてしっかりみることができるタイミングを選べるかという問題なのです。そういう意味で、UFOを意識できるかということが問題なのです。東京の上空ではひんぱんにUFOが飛んでいます。それをみる人もいますが、多くの人はまず空をみていません。スマホをみているか、人混みをみているか、です。

空の一点にタイミングが合うということに大きな意味があります。つまりUFOがいま、どこにきていて、どういう時空に現れてくるのか、いまから五分後に現れるのか、一時間後に現れるのか、明け方の三時に出てくるのか、などがわかることが重要です。それは、超時空的に空間を捉えられるか、なのです。

私はよく、みんなをUFO観測に連れていくと、「あ、次は何時何分に出ます。それま

で休憩していてください」といったりします。すると、だいたい八割方、UFOが現れます。彼らにも都合があるし、空間や次元の調節をしてここの時間に合わせて飛んでくるわけですから、呼べばすぐくるというものでもないのです。いまの時間の、この空間と指定して現れてくるので、私も何となくいつごろ現れるかわかるわけです。立ち去るときは一瞬で消えます。それは時間を超えるからです。

もちろん、私たちにも読みにくい時間があって、彼らも読みにくい場合があります。時間を自由に飛び回れる彼らにとっては、逆に特定の時間に現れるということは、すごくたいへんなことなのです。

UFO観測会の一番のポイントは、そういったものと触れることによって、イメージが時間と空間に拘束されなくなることです。同時に、物質的な物差しに拘束されなくなります。このことが重要なのです。

重要なことは、唯物論《ゆいぶつろん》に根差した現代科学、物質一辺倒な科学は、まったく宇宙人の科学とは逆行していて、邪悪ともいえるくらいモノにこだわらせるということです。物差しで測れるものにしか根拠がないと信じ込んでいます。そうなると、科学というよりもはやカルトです。

現代の科学は依然として、精神的な科学を否定しようとしたり、量子論的な現象を目の敵《かたき》にしています。あの心の広い理論物理学者・アルベルト・アインシュタイン（一八七九〜一九五五）でさえ、「量子のもつれ」を「不気味」だとして毛嫌いしたくらいです。それぐらいいまの科学者は、宇宙人たちが実践している物心一体の科学に恐れや不安を抱いているのです。いまの科学の論説の多くは、ＵＦＯ的な世界や外の世界を理解できないという恐れの集積体にしか思えません。

当然、形ある世界に生きるしかない私たちにとっては、形ある物質に基準を置いた生き方は大事です。しかし本当は、物質を観察している人間の意識に基準を置くべきなのです。人間の意識が物質に影響を与えるからです。唯物主義や科学合理主義ではなくて、あくまでも生命主義、人間主義で物をみるべきなのだということを、きちんとエビデンスの根拠に置かなければならないのです。

図形による通信システム「サムジーラ」とは

私たちは「あれは赤い色だった」といえば「ああ、赤色ね」と話が通じるように、目から入ってくる単なる物質的な情報としての「赤」という色を、共通認識として持っています。ところが「あなたがみている赤と私がみている赤は、違います」というのが、赤を認識するうえでの正しい見方です。赤はどう転んでも赤ということではないのです。それをみる観察者によって、赤の色は変わるのです。それは観察者の意識が、物質の色や形、さらには香りにすら影響を与えるからです。

宇宙人はそれを地球人に理解させるために、象徴的な図形を送ってきます。彼らは、このテレパシーで図形を送ってくるシステムに名前をつけていました。地球人は言葉がないと理解できないので、宇宙人は、もともとこの太陽系で太古において使われていた太陽系語を使って教えてくれることがあるのです。図形をテレパシーで送る方法論を太陽系語で「サムジーラ」と呼んでいました。「サムジーラ」はいまでも公式の学習体系として存在しています。

そのサムジーラによって送られてきた象徴的な図形が、現実の生活でもひんぱんに現れるようになると、それは間違いなく宇宙から送られてきたメッセージであると確認することができます。それらの図形には何か、私たちの心において、あるいは生きることにおいて意味があるのです。それを前提にしてコンタクティーは、その図形の意味を自ら探求していくわけです。

意味はシンクロニシティが起きてわかる場合がほとんどです。たまたま入った書店の棚から落ちてきた本を開くと、そこに答えが書かれていたり、テレビを見ていたら突然、その答えがわかったりすることもあります。

こうしたシンクロニシティがなぜ起きるかというと、量子的な現象が起きるからです。テレパシー交信を経験するということは、量子通信が心の中で活性化します。量子の情報のやりとりが活性化すれば、当然、それに沿った形で起きるのがシンクロニシティという現象であるという構図があるのです。

量子のやりとりが活性化して、時間超越現象が起きて、過去や未来の情報が入ってきたり、過去や未来のモノがみえたりするようになるのです。すると、スピリチュアルなもの、たとえば過去の世界にいまも存在する幽霊や、未来の世界からくるＵＦＯをみたりします。量子通信の活性化で時間超越現象が起きるわけです。

図形には深い意味がある

サムジーラが送ってくる図形には、すべて深い意味があります。その意味は自分でみつけなければなりません。

私がコンタクトを始めたころ、「なぜ三角形をみせるのか」という疑問が湧いたので、いろいろな答えを用意して宇宙人に質問としてぶつけました。そのとき「これは生命の根本的な形なのか」と聞いてみました。もちろん私は確信など持たず、意味がわからないまま聞いただけなのですが、宇宙人は「そうだ」と答えました。

しかし私がその答えの本当の意味を知ることになるのは、それからかなり月日が流れてからでした。あるとき、新聞の一面に最も古い生き物の化石がみつかったという記事が掲載されていました。それは単細胞生物できれいな三角形だったのです。まさに生命の根本的な形です。でもそのときもまだ、よくわかっていませんでした。

後に宇宙の無重力状態で一番安定している形が正三角形の集合体である正四面体であることに気づきます。宇宙人にそのことをいうと、宇宙人はやはり「そうだ」といいます。最初に「そうだ」という答えをもらってから二〇年は経っていたでしょうか。ようやく、本当の答えにたどり着いたという感じです。

この正四面体同士を面でくっつけていくと、らせん構造になります。これも遺伝子の本体といえるDNAの形そのものです。実際に正四面体をたくさんつくってつなげると、DNAのモデルがつくれます。DNAは間違いなく宇宙からきています。宇宙には電磁波の

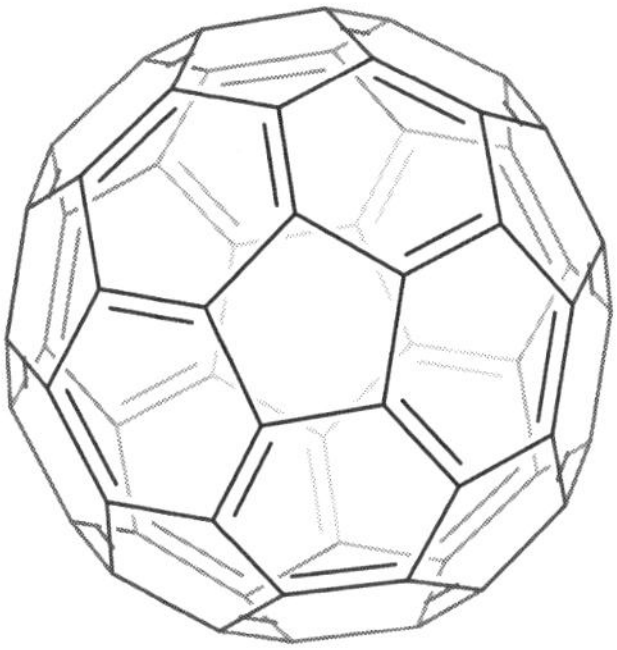

球状の分子、バックミンスター・フラーレン

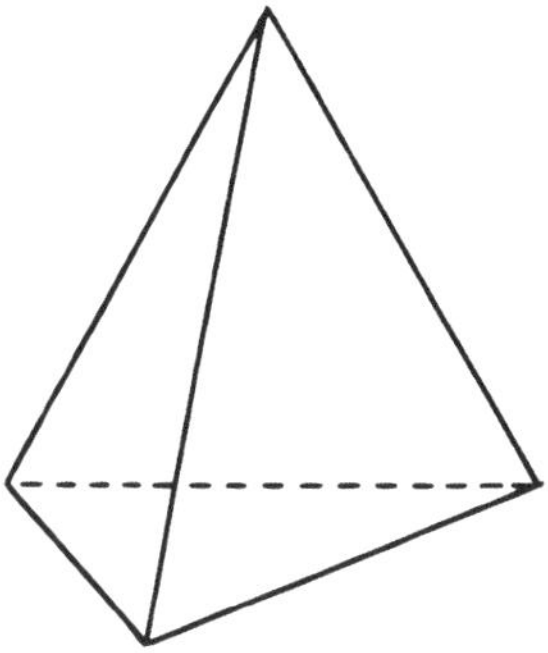

4つの正三角形からなる正四面体

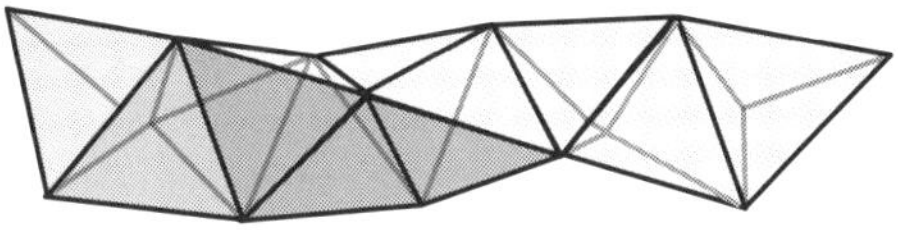

正四面体をらせん状に組み合わせた模式図

「紐」がたくさん走っていますが、それも全部らせん構造だと聞いています。宇宙で重要な意味を持つ形の最も基礎的な形態が、正三角形を四面に持つ正四面体なのです。さらには、それが組み合わさった正多面体という構造へと変化していきます。

その構造の安定性を知るには、球状ドームを設計した建築家バックミンスター・フラー（一八九五〜一九八三）にちなんで名づけられた「バックミンスター・フラーレン」がいい例です。一九八五年に発見された、炭素原子六〇個から成るサッカーボール型の球状分子C_{60}のことで、正四面体などプラトン立体（正多面体）

の応用系ともいえるその構造（切頂《せっちょう》二〇面体）は、宇宙でも最も安定した、強い力を持つ構造の一つだとされています。フラーもユリ・ゲラーと交友関係があり、宇宙的な感覚を持っていた人です。彼もまた、宇宙的な情報をキャッチできる人だったと思います。だからこそ、「宇宙船地球号」という概念を広めたのです。

図形とか象徴的なシンボルというものは、怖かったら最低でも頭の中に浮かんだだけだということにして、受け流すことができます。つまりそれによって、恐怖心が軽減されるのです。夢でみせるのは、怖がらせないためです。

共通体験として多くの人たちと目撃した「UFO観測会ベスト5」

第一位　中尊寺ゆつこ、UFO目撃！

小学館の雑誌『キャンキャン（CanCam）』の企画「UFO呼び出しプロジェクト」で、当時「オヤジギャル」で一世を風靡《ふうび》していた漫画家の中尊寺《ちゅうそんじ》ゆつこさん（一九六二～二〇〇五年）や出版社スタッフと一緒に東京都の奥多摩湖《おくたまこ》でUFOを呼んだことがあります。一九九〇年三月七～八日のことです。このとき現れたUFOは、それまでにみたことがないほど美しく光ってくれました。中尊寺さんも「UFOって、すごくきれいなんですね」といって、大喜びでした。

その日は午後八時半ごろ新宿のヒルトンホテルに集合して、約二五名でバスに乗って奥多摩湖に向け出発しました。午後一〇時ごろ、バスが中央高速の八王子付近を走っていたところ、上空にUFOが早くも出現しました。二〇分間ほどゆっくりと上昇したと思うと、こちらに接近してきたりしていました。最後には回転する三つの光体を肉眼で確認することができたのですが、突然消えました。いずれにしても、非常に幸先《さいさき》のよいスタートだったといえます。

日付をまたいで深夜、八日午前零時すぎ、現地の奥多摩湖畔に到着。UFO観測会が始まりました。しばらくすると、

ＵＦＯらしきものが上空を横切ったり、高速で移動したりするのが目撃されました。ただＵＦＯからのテレパシーでは「明け方の四時ちょうどにくる」というメッセージを私は受けとっていましたので、それまではリラックスして過ごすことにしました。

その指定時間直前の午前三時四七分、山の上のほうがピカッと光る現象をみんなが目撃します。これは時々あるのですが、ＵＦＯ側には出る直前にサインを送るというルールのようなものがあるのです。普通の人がみたら「どうせ稲光だろう」と不審に思わないような、はっきりしないけれど不思議なものをこちらに送ってきます。

そして、その巨大ＵＦＯは、交信内容通り午前四時ぴったりに出てきました。エメラルドグリーンの光体です。最初に遠くにみつけたときには、すでに月よりも大きくみえる位置に接近していました。その緑の巨大なＵＦＯは、私たちの頭上を越えてゴォーという音とともに目の前の奥多摩湖の上を滑空《かつくう》していきました。ＵＦＯの緑色の光が、湖面でキラキラ光っていました。そして、あえて振動する物体だということを教えるためだと思いますが、振動に合わせて湖面も揺れていました。

大きさは正確にはわかりませんが、奥多摩湖の幅と同じくらいあったのではないかとさえ思えるインパクトでした。と

奥多摩湖畔でおこなったUFO観測会で見られた大型UFO

にかく大きくてきれいなＵＦＯで、湖の上を滑空して飛び去っていきました。小学館の編集者もカメラマンもみんな目撃しています。
カメラマンはもちろんのこと、カメラを持っている人もたくさんいたのですが、なぜかみんな「アワワワワ」といっているだけで、誰もその巨大ＵＦＯの写真を撮影できませんでした。あとで、事情を知らない人から「なんで撮らなかったんだ。おかしいじゃないか」といわれましたが、みんなその光景に圧倒されて、それどころではなくなるのだと思います。
実際、目撃した半分くらいの人がその場でオイオイと泣いていました。「ううう、ＵＦＯいたんだ、本当に……」と、むせび泣いていました。

その中で中尊寺さんは「おお、やっぱりいたか！」という感じで、「秋山さん、これなら私も呼べるわよ」といっていたのが印象的でした。その時の詳細は、『キャンキャン』の付録「これであなたもUFOに会える」に書かれています。

第二位　冥王星経由で来た母船と質疑応答

後にNHKの番組『念力家族』の原作者として有名になった、ポップな短歌を詠む歌人の笹公人《ささきみひと》さん（一九七五年〜）ら五〇人くらいの人たちと、山梨県の河口《かわぐち》浅間《あさま》神社の前の温泉宿の駐車場広場で観測会をおこないました。一九九八年八月下旬ごろのことです。


このときは、遠くのほうにある山並みの上に出てきました。夜空の薄明かりの空間の中から突然現れてくるような感じでした。少し曇っていて暗かったこともあり、山までの距離はわかりません。真っ暗闇の中で、最初は山の上のほうにボーッと、星よりも大きい赤みがかったオレンジ色の光がみえていたのです。

ところが、その赤オレンジの光がゆっくり山の上から山の手前に降りてきたものですから、みんな騒ぎ始めます。そしてそのときになって初めて、それがいわゆる葉巻型の巨大な母船であることが判明しました。ピカピカと両端が光っていたからわかったのです。最初に山の上にみえた光は、その片方の光にすぎなかっ

河口浅間神社近くでおこなったUFO観測会に現れた母船タイプのUFO

たわけです。葉巻型母船はだいたい両端が光ります。しかもその両端の光を結ぶようにして、胴体部分の中央線上を光が左右にいったりきたりしていました。

後でUFOに大きさを聞いたら八〇メートルくらいとのことでした。母船としてはかなり小さいほうです。私にはもっと大きく感じられました。

もっとも、彼らにとって母船の見かけの大きさは、それほど大きな意味を持っていないのかもしれません。というのも、母船の内部は見かけよりもはるかに巨大で、宇宙都市がそのままいくつも入っています。イメージ図を143ページにのせましたが、都市どころではなく、小宇宙がそのまま母船内に存在していると思えるほど巨大なのです。

とにかく突然、両端が光った母船が現れたものですから、みんな大騒ぎです。

そのとき、母船が両端をピカピカピカピカと強く光らせてこちらに合図してきたので、交信が可能だということがわかりました。「別の星からきたのですか」「冥王星ですか」と聞いて、正解だとピカピカッと光るわけです。それで彼らが冥王星を中継してきた宇宙人であることや、母船の便宜上の大きさが判明しました。

質問すると、合図で答えてくれることがわかったので、UFOと私たちの間で質疑応答が始まりました。

UFOはこちらの考えていることはすぐにわかりますから、こちらが質問をすると、イエス、ノーという答えに応じて、その場で母船ごと時計の針のように右回転(時計回り)、左回転(反時計回り)をしてくれるわけです。

参加された方はさまざまな質問をしました。たとえば、ある人は「うちの父の病気は治りますか」と聞いていました。それでイエスだったら右に回転して、ノーだったら左に回転してくださいと決めて、私がUFOに尋ねます。もうそのときには、こちらの脳波とUFOとが直結していますから、聞いた瞬間に右に回転してイエスだと教えてくれます。もうUFOと普通に会話している状態になります。打てば響くという感じで、みんな、瞬時の反応に驚嘆していました。

失恋や恋の話など、個人的なことでも何でも答えてくれました。笹さんは当時ノストラダムスの予言が気になっていたらしく、「一九九九年に世界は滅亡するのですか」と聞いていました。すると、左に回って「ノー」だったので、「そうか、よかった！」といってみんな大盛り上がりでした。

巨大UFOが出てきて質疑応答までしてくれたので、みんな大喜び、大騒ぎでしたが、中には大スクープだと思って写真をバシャバシャと撮っている人もいました。ところが現像してみると、泡みたいな光の玉しか写っていなかったそうです。実はUFOというのは、静止しているようにみえても、小刻みに高速で振動しているため、カメラに写りづらいという面があるのです。あるいは光の指向性を変えることもできますから、シャッターを押した瞬間だけみえなくすることもできます。

あのシーンに立ち会った人たちの多くは、その後、一旗揚《ひとはた》げていきました。笹さんもその後、短歌で生きていくことを決意、二〇〇三年に歌集『念力家族』を出版し、それを基にNHKの番組が制作されたと聞いています。UFOは人生を変える転機になるのです。

第三位　文化人や経済人多数が目撃

名前は出せませんが、気心の知れた文化人や若手経営者たちと十数名で、富士山西麓の朝霧《あさぎり》高原でUFOをみたことがあります。二〇一〇年ごろだったと思いますが、そのときも、人工衛星だとか、流星だとか、そういった地球上で観測できる物体とは明らかに異なるUFOが現れました。

動き方が特徴的で、蛇行《だこう》したり、地平線すれすれから方々に発進して出てきたり、空を魚が飛び跳ねるように動き回ったり、その中でも数機がアクロバットのように乱舞したりするなど、地球上の飛行機などでは不可能な、ありとあらゆる飛行パターンをみせてくれました。

当時、すでに有名だった文化人や経済人がUFOに興味を持ってくれて、UFOを呼ぶ場に一晩立ち会ってくれたことに大きな意味があると考えています。

第四位　若き日のトップ・クリエーターも興奮

一九七〇〜八〇年代ごろでしょうか。私がまだ若いころで、学生を含めた芸術系大学の関係者と東京西郊の高尾山でUFOを呼んだときも、不思議な出現の仕方をしたので非常に印象に残っています。その中には、後にメディア関係で非常に有名になった人もいました。名前は出せませんが、彼らはいまや、業界トップのクリエータや一流芸能評論家になっています。

私はそのことをすっかり忘れていたのですが、「あのときのこと、覚えていますか？　UFO、出てきましたよね」と、ご本人たちから声を掛けられて思い出しました。

高尾山の麓《ふもと》で観測会を実施したのですが、本当に星が降るようにパラパラパラといっぱい出てくるという感じでした。いろいろな飛び方があるということをみせつけるように飛んでいました。満天の星が動き出すようにＵＦＯが一斉に出てきて乱舞した情景が、いまでもはっきりと浮かんできます。

第五位　魂の故郷の星系からＵＦＯ大集結！

驚かれるかもしれませんが、私たちにはそれぞれの魂の故郷ともいえる星があります。たとえば、画家の横尾忠則《よこおただのり》さん（一九三六〜）は「シリウスが自分の故郷の星だ」と公言してはばかりませんし、私ならカシオペア座の方角にある星系が故郷の星です。

みつけるのは簡単です。夜空の星々を眺めて、「何となく気になるな」とか「心が落ち着くな」と自分が感じる星があれば、それがあなたの魂の星系なのです。

参加した観測者それぞれの星系からＵＦＯが多数集結して夜空を乱舞したのが、二〇一二年七月二九〜三〇日、山梨県忍野八海《おしのはっかい》のそばでおこなった観測会だったと記憶しています。

この観測会は、私と長年の付き合いがあるミュージシャンの瀬戸龍介《せとりゅうすけ》さん（一九四六〜）のお宅で開かれ、瀬戸さんや私を含めて一一人が参加しました。みんな和気あいあいとした雰囲気の中、広いテラスで雑談をしていました。

　異変が起き始めたのは、二九日午後一時一二分ごろでした。一人の観測者のカメラにオーブと呼ばれる、薄く透明な光の玉が写ったのです。これをきっかけにして、ほかの撮影者のカメラにも光の玉が次々と写るようになりました。オーブの大乱舞が始まったのです。その写真をみると、何十機、何百機というオーブが私たちの周りを飛び回っていたことがわかります。

　これはUFOが出現する前に起こるよい兆《きざ》しです。というのも、UFOもこちらの世界の次元に合わせるのにちょっと時間がかかるからです。つまり彼らは、何億光年も離れた別の惑星から物理的に時間をかけて地球にくるわけではなく、時空間の異なる別の世界から、この世界に次元調整して、すなわち時間と場所を設定してこちらの世界に物質化するのです。時空を調節してくるわけですから、私たちの感覚からするとタイムマシンに近いように思われます。

　ですから、こちらの世界に物質化する前に、おそらく偵察の意味もあって、半物質化状態でくることがよくあります。その状態のUFOを撮影するとオーブのように写真に写り込むわけです。ただし厳密にいうと、UFOは霊的な因子を表すことが多い「オーブ」ではありませんので、私はこの物質化する前の状態のU

FOを「クリスタル」とか「半透明クリスタル」と呼ぶことにしています。

そのクリスタルが写った写真を拡大すると、渦巻き状の構造や宇宙人の顔が写り込んだ曼荼羅《まんだら》模様が写っていることもあります。

樹木の手前に現れたところをカメラで捉えた
物質化する前のUFO（半透明クリスタル）

やがて、クリスタルの数が少なくなり、一〇分ほどで嵐のようなクリスタル撮影会は終了しました。

それから一時間くらいが経過した三〇日午前零時半ごろ、明らかに辺りの雰囲気がガラッと変わってきました。南東の空をみると、異次元の扉が開いたことが直感でわかりました。そこから次々と実体化・物質化したUFOが出てきました。一見すると星と同じですが、自由自在に動き回るので、星でも人工衛星でもないことがすぐにわかります。

またUFOは、カメラのフラッシュを焚《た》いたり、懐中電灯の光を当てたりする

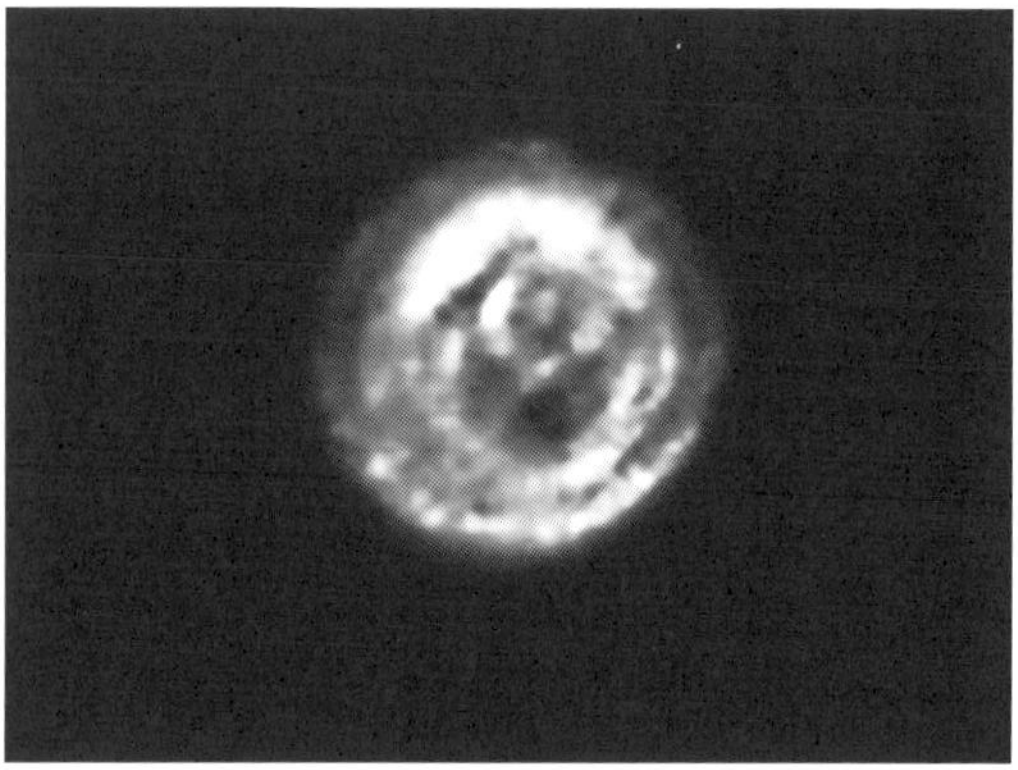

物質化前の渦巻構造でカメラに捉えられた
半透明クリスタルのUFO

と、その瞬間に光り返してきます。このときも、コンパクトデジタルカメラのフラッシュ光ではとても届かない高度を飛んでいるにもかかわらず、そのか弱い閃《せん》光《こう》に対して、乱舞しているＵＦＯ一〇機ほどがまったく時間の誤差なく一斉にこちらにピカッと光ってみせてくれました。撮影者の想念と連動して光ることで、彼らの宇宙機が想念と連動して動くことを示しているのです。想念や心を重視した物心一体の科学を彼らは持っています。

　その小さな星のようなＵＦＯが動き回っている中、午前零時三九分には東の空から今度は母船とみられる大きなＵＦＯが出現、ゆっくりと私たちのほうに向かってきて、それから進路を変えて、北の森の彼方《かなた》に消えていきました。

　星のように実体化したＵＦＯの乱舞は、その後も断続的に続き、約一時間半にわたって現れては消え、消えては現れを繰り返していました。そしてクライマックスは、午前二時すぎから二時半にかけて訪れました。

その少し前、みんながずっと空を見上げていて首が疲れてきていたのがわかったので、私は「椅子《いす》に座って目を閉じていても、UFOがきたことを知ることができるんですよ」といって、その方法を教えました。非常に簡単で、夜中にセミがジジッと鳴いたり、鳥が鳴いたりするときは、近くにUFOがきているときなので、その鳴き声だけに集中していればいいわけです。

その方法を教えて五分と経《た》たないときです。みんなで椅子に座って耳を澄ましていると、真夜中にもかかわらず、西の森の中のセミがジジッと鳴いたのが聞こえます。すると、西の森から風が塊《かたまり》となってブワーッと吹いてきました。私は気配から巨人族の宇宙人として知られるゲルが近くまできていることがわかったので、そのことをみんなに伝えます。

みんなは私が指し示した方角にカメラを向けて撮影を始めました。ゲルは決して姿を現さないので誰もみることができませんでしたが、私にはUFOの子機を侍《はべ》らすようにして空中を移動するゲルの姿がみえていました。ゲルは五〜七分間かけて私たちの頭上を通り過ぎて、東のほうに去っていきました。私はみんなに「向こうにいってしまいましたね。でも、また戻ってきますから」と伝えます。

案の定、一〇分後の午前二時二一分、森の中の鳥が騒ぎ出し、セミが鳴きます。再び、今度は東から風が吹いてきます。同時に周囲の雰囲気がガラッと変わります。ゲルが戻ってきたのです。そして同じように、もときた西の森の上空に消えていきました。

それとほぼ同時に、これまで夜空を動き回っていたUFOたちが今度は南西側に開いた異次元の窓に向かって一斉に動き始めました。その動きはみんな目撃することができたはずです。午前二時半ごろ、ほとんどのUFOはその窓から消えていきました。

後日、現像した写真をみせてもらったところ、むやみやたらに飛び回っていたと思ったUFOの編隊はちゃんとフォーメーションを組んで移動しており、撮影者に合わせて白鳥座、北斗七星、カシオペア、プレアデスとわかるような配置で

白鳥座を思わせるフォーメーションでカメラに捉えられたUFO

写真に写り込んでいることが判明しました。おそらく私たちと関係のある星系を示していたのだと思われます。

極《きわ》め付きは、次元の窓が閉まる直前の午前二時三〇分ちょうど、観測会の最後に撮影された写真に、きっちりと正三角形に配置されたUFOが写り込んでいたことです。

その前の午前一時一四分に撮影された写真には逆正三角形が写っていましたから、この二つの三角形のシンボルを合わせると、「宇宙人との新しいコンタクトが始まる」という意味になります（131ページの「宇宙人の文字」参照）。そして、実際にそうなって現在に至っているわけです。

正三角形のフォーメーションで写ったUFO

番外　私が撮影したUFO〈一回目〉

私はめったにUFOの写真を撮ろうとは思わないのですが、何かに促されたような感覚の状態で、二度ほど至近距離での写真撮影に成功しています。場所は山梨県河口湖そばの保養所で、いずれも土《ど》砂《しゃ》降《ぶ》りの雨が降っている真夜中でした。

一回目は二〇一二年九月二三日の午前四時すぎでした。UFOが近づくと何となく「圧」を感じるのですが、そのときも「圧」によって非常に近くにきていることがわかったので、保養所の外に出てみました。外は依然として雨がザーザーと降り続いており、真っ暗闇。普通の人ならUFOなどみられるわけがないと思うような、ひどい状態でした。二〇〜三〇人が参加したUFO観測会だったのですが、私と一緒に外に出てきた人は二人だけでした。

観測には最悪ともいえる状況にもかかわらず、UFOはやはり近くにいるのは間違いないようでした。そのとき、これだったら写真撮影ができるかもしれないと強く感じて、隣にいた人にデジタルカメラを借りて、UFOがいると思われる

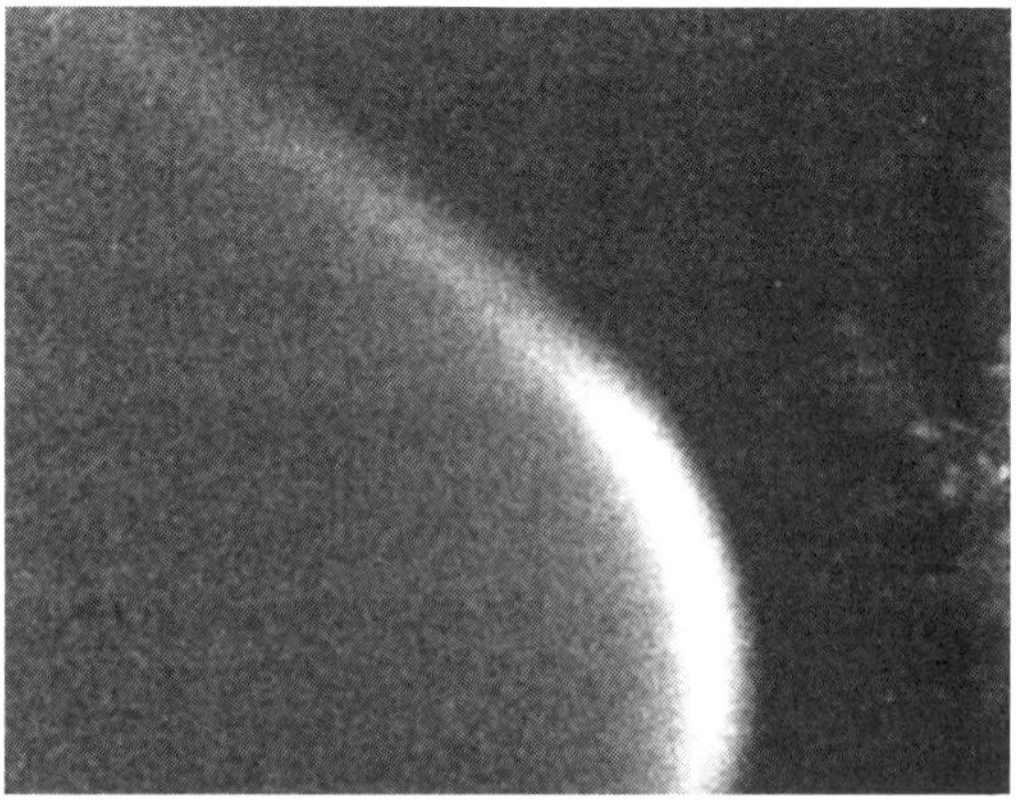

河口湖そばで写真に写り込んだ、
物質化する前のUFOのエッジ

方向にシャッターを切ってみることにしました。

最初の一枚は、フラッシュに反射した雨粒が写っているだけでした。

続けて、もう一枚。すると今度は、まだ物質化していないUFOのエッジのようなものが写り込みます。「ああ、ちょっと変なのが写った」といって、ほかの二人にその写真をみせます。

三枚目は再び雨粒だけ。

そして運命の四枚目――。

画像を確認すると、何とそこには、巨大な赤い風船のような、丸みを帯びた形をしたUFOのエッジが完璧にピントが合った状態で写り込んでいたのです。私は思わず「あっ、写った！　写った！」と叫びました。午前四時二一分の撮影でした。夜明け前の一番暗い時間です。UFOまでの距離は、背景となっている森までの距離が一〇メートルくらいですか

5メートルの至近距離で赤いエッジとして撮影された、物質化した瞬間のUFO

ら、その手前の約五メートルという至近距離だったことになります。

ただし、写真には写りましたが、実際に肉眼でこのUFOがみえるわけではありません。UFOは私たちの肉眼では捉えられないスピードで、この世界の時空間と、別の世界の時空間を自由に出入りできるからです。彼らは別の次元とこの次元を出入りすることによって、推進力を得ている節もあります。つまり、ダークマターやダークエネルギーといった、人類にとって未知のエネルギーを活用している可能性があるのです。

ここに写ったUFOの赤いエッジも、私がシャッターを押した瞬間だけ、この世界に現れてくれたから撮影できたわけです。そうなるともう、念写に近いともいえます。

番外　私が撮影したUFO〈二回目〉

次に撮影に成功したのは、それから約一年が経過した二〇一三年一〇月二〇日の未明のことでした。場所は一年前とまったく同じ保養所。前日の一九日夜からUFO観測会を開いたのですが、このときも途中から土砂降りの雨になってしまって、みんなUFOを呼ぶのを諦めて保養所の中で雑談していました。私を含めて九名ほどの人が参加していました。

午前三時ごろでしょうか。直系二〇メートルくらいのUFOがすぐ近くまできているのが、「圧」などの気配でわかりました。前回と同様、雨の中保養所の外に飛び出ます。私と一緒に外に出てきた参加者が、私がUFOの気配を感じたとする方向に向けて写真撮影を開始します。

しかし、後でその何枚かにオーブのような半透明クリスタルが撮影されていたことがわかりますが、一見すると雨粒くらいしか写っていませんでした。そこで前回同様、私がその人のコンパクトデジカメを借りて撮影することになりました。

〝念写〟は一年前に成功していますから、コツは覚えています。目にはみえませんが、直感を使って狙いを定めて一枚目を撮影。

今回は一枚目からエッジが赤い物体が写り込みました。前回よりも角張っていますが、角は丸みを帯びています。物質化する寸前の状態のようです。後ろの樹木までの距離を勘案《かんあん》すると、やはり五メートルくらい先にきています。全体の大

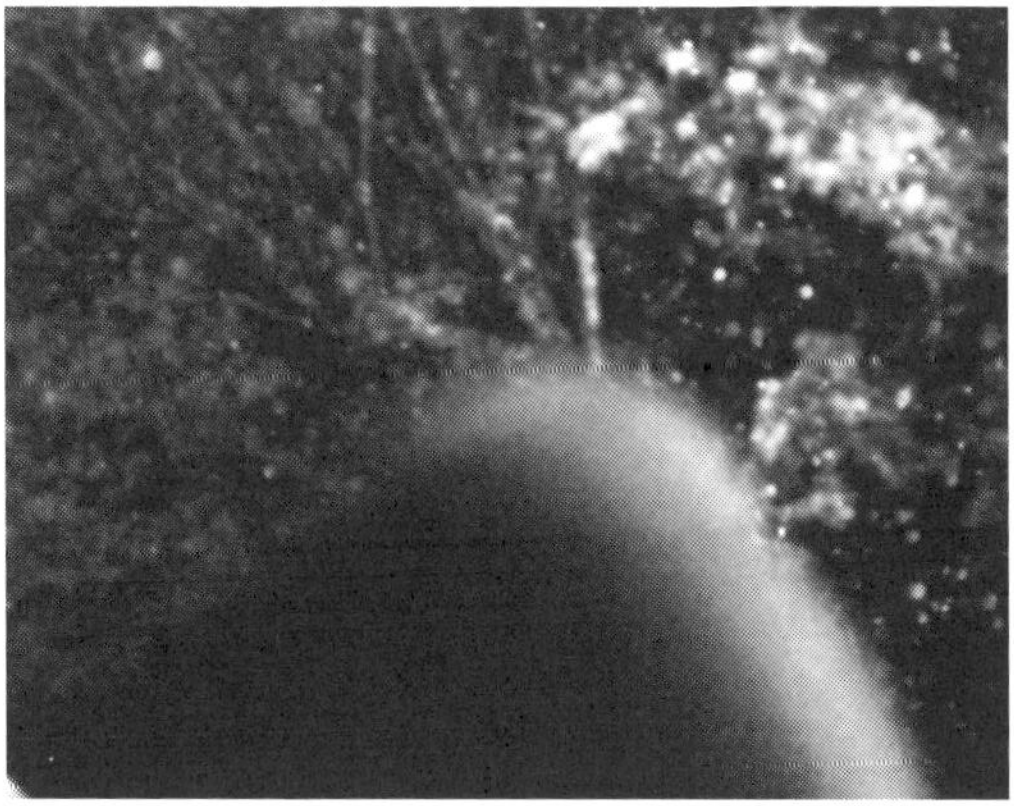

1枚目、角ばった形で写った物質化寸前の
UFOらしき物体のエッジ

きさはわかりません。

続けて二枚目を撮影。

今度は完璧なタイミングで撮影できました。一枚目よりずっと鮮明な、やや丸みを帯びた赤い物体が右側に写り込んでいました。しかも、驚いたことに、左下には白銀色に輝く、明らかに宇宙機と思われる蚕《かいこ》の繭《まゆ》のような楕円《だえん》体状の構造を持つ物体が写っていました。

成功です。こんなに近くで撮影に成功したのは初めてです。右側の赤い物体は、犬やクマなどの哺乳類《ほにゅうるい》から進化した巨人族系の宇宙人のゲルの体の一部が写り込んだのだと思われます。左の宇宙機はネズミやサルなどの哺乳類から進化したヒューマノイド系宇宙人エルが使う宇宙機の可能性が強いと思われます。ゲルは一見すると、縄文人がつくった「遮光器《しゃこうき》土《ど》偶《ぐう》」の顔に似ています。

一緒にいた人が写した写真には、地球

宇宙人ゲルの一部と思われる赤い物体（右）と
楕円体状の宇宙機らしき物体（左）

爬虫類から進化したペル

哺乳類から進化したゲル

小型哺乳類から進化した
ヒューマノイドタイプのエル。
主に3種の服装がある。

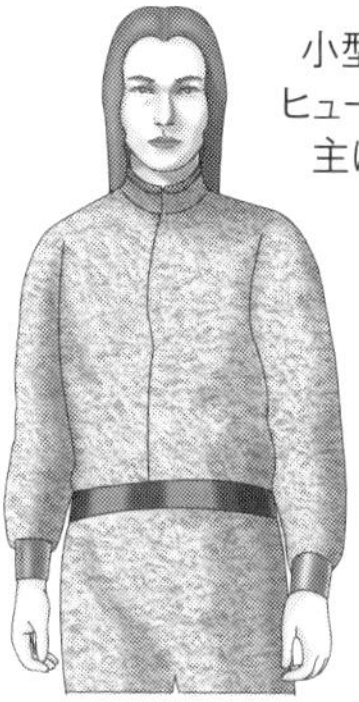

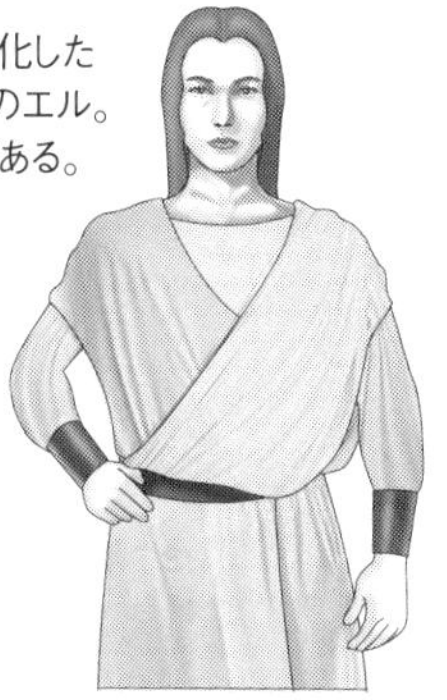

エルが服につけている
ワッペン状のものの数々

でいうと恐竜などの爬虫類《はちゅうるい》から進化した宇宙人ペルの頭のような部分が写っていましたから、「ゲル」「エル」「ペル」という三種類の宇宙人が一堂に会した姿を撮

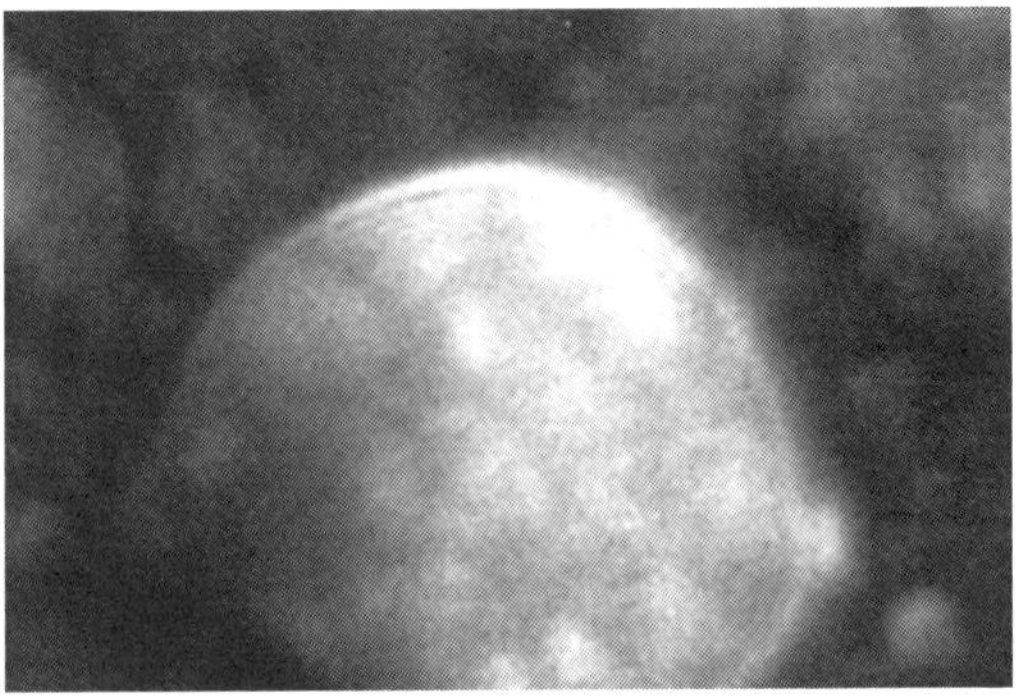

観測会に参加した人が撮影した
宇宙人ペルの頭(?)と思われる写真

影させるという思惑がＵＦＯ側にあったように感じます。

そもそも地球は、少なくとも三つの異なる宇宙の交点でもあり、彼らはその別の宇宙から次元調整をしながら地球にやってきます。ＵＦＯ側は地球人に目撃されたり写真に撮られたりすると「想念の垢《あか》」のようなものが付いて〝汚染〟されるので、撮影されることを好まない傾向があります。しかし、このとき写真にわざわざ写ってくれたのは、私たちに地球や宇宙の本当の姿をみせたかったからではないでしょうか。宇宙人との新しいコンタクトの時代が幕明けしたような気がしました。

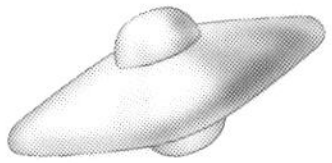

3章

段々と宇宙スケールに意識が覚醒していく

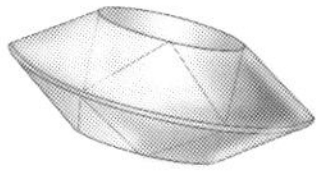

無意識の状態に近づく方法

サムジーラによる交信を意義ある確実な体験にするためにまず重要なのは、より無意識の状態に近づくことです。このことは、歴代の宗教家が常づね口にしていたことですから、目新しいことではありません。

しかし問題は、そうした著名宗教家たちが「無の境地」などと称して、無意識の状態に近づくことを、長い修行を経てようやく得られる「高尚な境地」に祭り上げてしまったことです。その結果、たどり着くのが困難な境地であると思い込んでしまうので、逆にそこに至る際の無意識の障害になってしまっているのが宗教界の現状です。

無意識の状態に近づくことは、そんなに高尚なことでも、難しいことでも、何でもありません。誰もがすぐに得られる状態です。ただし、そこに至りやすくなるコツはあります。

まず最初に「宇宙人と交信したり、宇宙存在からの啓示《けいじ》を受けたりするといったような作業は、特別な能力や鍛錬《たんれん》を積んだ者でなければできないだろう」という先入観を捨てることです。高度な科学技術や科学知識がないと宇宙人とは交信ができないという科学至上主義的な考え方も改めるべきでしょう。

自分の中にある、こうした間違った「常識の壁」を打ち破るべきです。私からみれば「病《や》んでいる」とさえ思える権力的な宗教や権力科学は、さっさと退場すべきです。

そうした先入観を捨てていけば、簡単に無意識の状態に近づくことができます。一番ぼんやりとしていて、かすかに意識があるような状態です。この瞬間が理想的な状態です。

寝る間際と起き際、つまり夜眠りに落ちるちょっと前の瞬間や朝起きるちょっと前の瞬間がその状態です。そのあたりが宇宙と交信するゴールデン・タイムです。自分が抱いているテーマに関係した情報が入ってきやすくなります。

意識レベルが高いと、感情や個人的願望を歪《ゆが》めることなく、真のメッセージを受け取れるようになる、などと考える人がいるかもしれませんが、そんなことはまったくありません。寝る間際と起き際に、宇宙から送られてくるメッセージにただ気づくようになればいいだけなのです。

コンタクティーに待ち受ける危ない罠

宇宙人と接触したと称する人たちが、後々、困った社会問題を起こしたケースもいくつかあります。次項で紹介しますが、宇宙人と接触したとしても、決して特別な選ばれた人というわけではなく、また、超人になるわけでもありません。宇宙人のコンタクトは、ごく普通の人に起きる事象です。それが個人や社会によい影響を与えるかどうかは、その人がいかに良識的に生きるかにかかっていて、その人の自己責任でもあるわけです。

逆にいうと、宇宙人と接触した場合、その接触者は、本来であれば宇宙人からの示唆《しさ》を正しく受け入れ汲《く》み取って、それを実践して生きたならば、普通の人として生きようとします。

ところが、その示唆を受けた人たちの周りに、非常に歪んだ依存癖や歪んだ関心を持った人たちが集まってくることがあります。すると、宇宙人の情報を聞こうとする好奇心と共に、未知の情報を受け入れようとする際に生じる大衆の恐れが、大衆の集合無意識（個人を超越して存在する民族や人類の無意識）を動かして、邪悪に起動する場合があるのです。

これは、コンタクティーを取り巻くメディアや人間、とくに精神世界に関心がある人たちの問題点でもあります。多くのコンタクティーたちの嘆きは、宇宙人から受けた示唆や情報を曲解したり自分勝手に解釈したりして大衆を惑わす人が出てくることです。

宇宙人から情報を受けて、UFOをみたりすることは誰でもできます。人格や日頃のおこないには関係なく、どんな人でも経験できます。宇宙人は誰にでも手を差し伸べるからです。ところが、考え方に問題のある人物が、宇宙人から得た情報にまみれると、かなりバイアスのかかったおかしな情報を大量に流すようになることがあります。より注目されたいという衝動がとめられなくなってしまうのです。

一方、大衆やメディアもその間違った情報のほうを好んだり、その情報に感化されたりします。大衆やメディアが間違った情報に食いつくので、ますますおかしな情報を流すようになります。YouTube一つをとっても、大衆はおかしな情報に食いつき、フォロワー数が上がることがあります。アクセス数が上がれば、そのほかのマスメディアも、そのおかしな情報を大々的に取り上げるようになるわけです。残念ながら、滅茶苦茶なことをいう人のほうが、余計に取り上げられるようになることがしばしば起こるのです。その傾向は近年においても本当にひどいあり様です。

反社会的な事件を起こしたコンタクティーの真相

これまでのUFOコンタクト史をみると、おかしな方向に突っ走ってしまったコンタクティーが時々出てきます。

たとえば、アラディノ・フェリックス(一九〇五〜一九八五、ペンネーム「ディノ・クラスペドン」）という有名なコンタクティーは、ＵＦＯとのコンタクトを記した『空飛ぶ円盤との接触』という有名な著書まで残していますが、ブラジル犯罪史に残る武装集団テログループ一四人の首領として逮捕され、三年ほど刑務所で過ごしています。

罪状は銀行強盗と一四個の爆弾を爆発させた罪。「なぜ、そのようなことをしたのか」という取り調べを受けたときに、彼は「私は金星からの地球の大使としてここに派遣されたのだ」と述べ、宇宙人から聞いている理想世界を具現化するため、政権を転覆《てんぷく》して新しい政府をつくりたかったという趣旨の話をしています。

米国のコンタクティーであるラインホルド・シュミット（一八九七〜一九七四）は、一九五七年にＵＦＯとその乗員に遭遇、ＵＦＯ関連の著作を出して有名になりました。しかしながら彼はその後、「宇宙人から教えてもらった、病気を治す力がある水晶を、たくさん採掘できる鉱山を知っている」と主張。講演先で資金を集めたところ、出資者から訴えられ、その鉱山の採掘権の売買で稼ごうとしたとして詐欺罪に問われ、結局服役する破目に陥《おちい》りました。

コンタクティーがこうした社会的な問題を発生させると、ＵＦＯとのコンタクトがなかなか信用されなくなります。ＵＦＯコンタクトそのものが、最初からインチキ扱いされてしまうのです。その後も、UFOコンタクトを体験している人が出資詐欺を繰り返しているケースが時々見受けられます。すると、大衆の中にはUFOコンタクトを目の敵《かたき》のようにする人も出てきます。

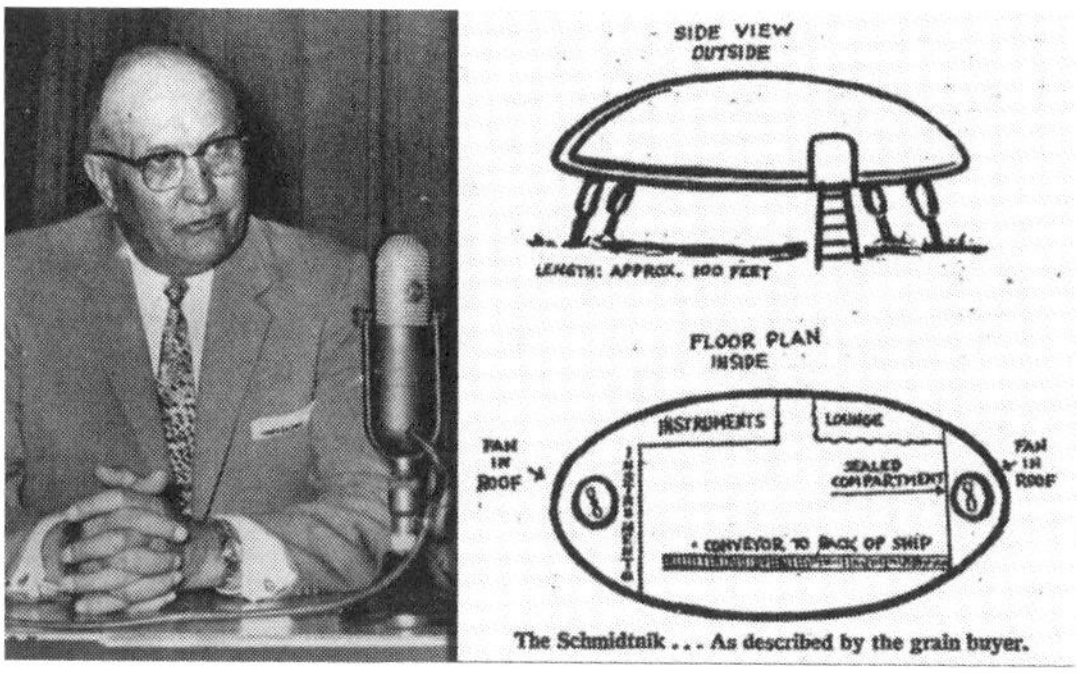

罪に問われたラインホルド・シュミットとコンタクト体験のスケッチ

私自身の経験でも、「秋山さんの話は素晴らしいですね」などといって何年間も私のところに話を聞きにきていた人が、裏でネットに悪口を大量に書き込むようなケースもありました。

真実よりも奇異な話ばかりを求める大衆とメディア、それにのせられて社会問題を起こしてしまうコンタクティー、そしてコンタクティーに依存して近づいてもあまり相手にされていないと感じたら、すぐに手のひらを返して批判に回るような人々――そういう人たちがたくさんいるのです。

彼らは、それぞれの周りの社会ストレスを強めていきます。すると、コンタクティーにそのストレスものしかかってきます。そこでコンタクティーは、極端な場合は宗教という軍隊をつくって、その垣根で自分と仲間を守ろうとします。あるいは、批判する人たちへの恐れから、絶対性を仲間同士で確認しようとするあまり、反社会性を持つようになったりするわけです。それはコンタクティーに限らず、一部の能力者や霊能力者にも同じことがいえます。反社会性を持った団体に発展してしまえば、世間やメディアから叩かれるようになります。

同様に、一種の宗教になるような、注目を集める大きな信仰グループは、私からみれば、糸が切れた凧《たこ》のようなものです。初めからきちんとしたUFOコンタクトをしているのか、中心人物であるコンタクティーがちゃんと情報を整理しているのか、大いに疑問があります。首をかしげざるをえないようなことを、彼らはやっています。

おかしな宗教に何億円も寄付する人がいる一方で、冷静にきちんとした考え方をして、努力をしながら真面目に研究しているコンタクティーが一方的に批判されるという現状、しかも負荷《ふか》が余計にかかってどんどん貧しくなるという現状は、どうみても間違っているといわざるをえません。

たとえば、一九世紀に宇宙存在からのテレパシーを自動書記した米国の歯科医ジョン・ニューブロー（一八二八〜一八九一）が『オアスペ』という啓示書を出版しましたが、彼は結局、赤貧《せきひん》の中で亡くなりました。あれだけ優れた啓示文書を残したのに、あらゆる宗教団体に与《くみ》しなかったこともあり、つまはじきに遭ったように思われます。彼は別に宗教を批判したわけではなく、宗教が持つドグマチックな面を批判したに過ぎなかったのです。自分たちの外側の世界を恐れ、偏《かたよ》った教えに一方的に傾倒していく人たちを彼は嫌っただけなのですが、宗教批判と捉えられたのかもしれません。

ＵＦＯコンタクティーの問題を語るときに、そうした諸問題があることを気に留めておかなければなりません。

願望を宇宙に叶えてもらう方法

どんな人でも、いまこの瞬間、自我や我欲の意識を緩めさえすれば、宇宙とつながる入り口に立てます。入り口の門はいつでも開いています。人間になぜ念力があるかというと、個人的な願望を叶えるためです。しかし、宇宙の法則にあっていない願望はことごとく却下されます。天に唾《つば》する願望なら、それはつぶされます。

「今日はデートだから晴れてくれ！」という願望は、「雨よ、降ってくれ！」という農家の人たちの願望に打ち消されるようなものです。ただ、その農家の人たちの願望も、「今日はサッカーの決勝戦があるから、雨よ、降らないでくれ！」という国民の願望によって踏みつぶされたりします。

願望というものは、ぶつかり合いなのです。集合無意識には、社会の思惑や願望がうごめいていますが、自分の願望を通したければ、集合無意識をなるべく刺激しないようにしながら、**自分を無心に近い状態、つまりぼんやりした状態にして、「お願いします。私個人が、本当にその願望を形にしたいのです。それがたくさんの人の喜びにつながるのです」と願うのです**。その際、大衆の集合無意識に対しても、「お願いです。これくらいは許してください。たくさんの人の喜びにつながりますよ」と伝えるといいでしょう。

「お金が欲しいのです」だけではダメなのです。宇宙の法則では「私がお金を得たら、みんなの喜びのために使います」という願いでなくては、叶わないようになっているのです。

では、「みんなの喜び」とは何か、ということになります。手に入れた金を、鼠小僧《ねずみこぞう》のように屋根の上から全部ばらまけばいいかというと、そうではありません。

運よく商売が当たって荒稼ぎした人が、夜の銀座でお金を散財するのも、それはそれで銀座の人たちがそのお金でいろいろなものを買い、いろいろな職人さんの技術やサービスに対するお金として支払われるなど、お金が回ってみんなが潤うわけですから、みんなを喜ばせていると解釈することもできます。じつは、そもそもお金は個人のために使うことができないようになっているのです。

そうした解釈ができる一方で、「一番の趣味は」と聞かれて「貯金です」と答えるような人は、一番阿漕《あこぎ》なお金の使い道のように思われます。みんなの喜びにはつながらない可能性が高いからです。誰のためにも使わないのは、宝の持ち腐れでしかありません。

こうした地球のあり様を宇宙人がみたときに、みんなの喜びに資《し》することをほとんど考えない地球人の志の低さ、レベルの低さに呆れ驚くのではないかと思ってしまいます。私利私欲のためではなく、もっと志の高い、みんなの喜びや幸せに結びつくような願望をもっと持つべきなのです。そうした願望なら、宇宙人はすぐにでも叶えるはずです。

地球人は迷信や狂信に権威を与えるし、本当に信じなければいけないことをドブに捨てています。これを続けていれば、地球人はゆっくりと自滅していくしかありません。

核汚染や核廃棄物問題など遠い将来において最も恐れなければいけないことを無謀《むぼう》にも恐れないで突き進む「鈍感な勇気」はあるのに、いま目の前にある、現実的には怖くも恐ろしくも何でもないUFOのような、本当は私たちに喜びをもたらす未知なるものを過剰に恐れています。

宇宙人は意識レベルの高さなど基本的には気にしていません。どのような人に対しても、平等にメッセージを送り続けているのです。人類が宇宙人とコンタクトするための情報は、公共放送のようにずっとテレパシーで流されています。それも、たくさんの宇宙人から、もしかしたら地球人の何億倍という数の宇宙人たちからテレパシーが私たちに降り注いでいるのかもしれません。

ちょっと心を開けば、誰でもそのことに気づくはずです。初期のサムジーラなら誰でもキャッチできます。

サムジーラのシンボルの意味

テレパシー交信が始まった初期のころ、サムジーラによって送られてくるシンボルの詳細についてもご紹介しておきましょう。

宇宙人の文字には一つの文字に三つほどの意味がある場合が多いのですが、由来や成り立ちが非常に面白いのです。いい加減な文字はなく、明確な秩序が必ずあります。

130ページの「宇宙人の文字」をご覧ください。ルンク、エルテ、バダという三つの粒子と、ワ、ウォウ、ムーの三つの波動を示す文字が書いてあります。三つの粒子は日本語で表記するのは難しく、「ワ」は、実際はアとワの中間の音で、「ウォウ」はエとウの中間の音、「ムー」もウとムの中間の音です。これにルーという超因子が加わって宇宙が成り立っているのだと宇宙人に教わったのもこのころです。

こうした文字は無理して覚える必要はなく、普通に覚えられるのです。というのも、この形のこの部分にはこういう意味があるということがはっきりしているからです。たとえば、「宇宙人の文字」の水星は「水」のような文字を書きますが、もともとの意味は、二つの同じような形のモノと、もう一つの異なる形のモノとの交わりを表しています。三つのモノの交わりなのです。水の化学式がH（水素原子）2個とO（酸素原子）1個が結合してできた「H_2O」で表されるのも、偶然ではありません。

非常に質の似ている二つのモノがあっても、多くは、そこに真反対の霊的な力が宿っています。たとえば、霊的な力を強く帯びているHと、霊的な力をまったく帯びていないHがあると思ってください。それがOの酸素という、ある種の毒性がある原子と交わることによって、毒性のない水に変わるのです。そうしたあり様や原理が、水星のシンボル文字に込められているわけです。

逆に木星を表す三本足のタコのような文字は、交わらない性質を表しています。という

	知恵者、学者		抵抗時間(反時間)		位、本来の立場、真のいす
	ルンク		友、同朋		宗教を説く者
	エルテ		ワンダラー		子孫
	バダ		地球人		先祖
	ワ		宇宙人(地球計画)		民族
	ウォウ		宇宙全体		使命(s)
	ムー		3粒子		超能力(s)(精神 power)
	光、光子、想念		3波動		ホモ・サピエンス(s)
	攻撃(力による、物理的)		自然法則		本質(s)
	攻撃(精神による)		限界、エゴイズム、情念		時(s)
	宇宙機(土星型)		ペル星(H)		愛(男女間)s
	母船、シガータイプ		宇宙からの送信、(音)を受ける		にくしみs
	女		コンタクト希望		運命(法則)s
	男		2大勢力の対立、反発		重力(g)s
	夢、希望(s)		はじまり		過去 s
	夢を実現させる意識(s)		とりかかり、実行		1次元
	親		カルマ影響下の生命		2次元
	子		善 or 悪にとどまる生命		3次元
	銀河系		誤解		4次元
	自然進行時間		国家		5次元

宇宙人の文字〈(s)は別の星系からきた宇宙人の文字〉

シンボル的なもの	宇宙、無限、自由	自然
友	テレパシー発信	始まり、元根
愛情	太陽・運動の中心となるもの、軸	転生
善と悪	生命を断つ、動いているものを止める	火、不動心
星外文明	目、視覚	万事順調、了解
星内文明	耳	水星 元はルレムアーム星のシンボル
知恵者、指導者、マスター	口	土星
(地球に来ている) われわれ(自分達) (宇宙人)	伝達(音による)	木星
きみたち(地球人)	(……) しゃべり出す ～をしゃべった	金星
宇宙船 (グルオルラエリスの)	混乱、騒動	火星
母船 (グルオルラエリスの)	過去	天王星＝
波動	未来	冥王星
バランス	生命	海王星＝未決定 (1979.6.10 現在)
コンタクトマン	磁場、回転、こだわりの意識	地球
宇宙人側からのアピール	大陸、石、土	障害
地球人側からのアピール	海	地上の人工物
交流中	水	引き合う、同質、類は友を呼ぶ
交流の目的達成	宇宙連合体	反発
感覚的、自分のまわり、環境	円盤の動力、精神エネルギー、念力	働くもの、平民
聴覚	予知、予言	指導者、管理者

のも、三本の線が丸によって取り込まれ、分断されているからです。そのため三本の線は交わっていません。丸の下に接続されているだけです。これがどういう意味かというと、三つの異なるエネルギーがあって、それを管理したり方向付けたりするのが木星の仕組みだということです。つまり三つの異なるものを仲介するモノが入るというのが木星の記号の意味です。

金星は、逆T字に点が二つです。点が丸の場合もあります。これはバランスを表します。ただし、ここがすごく問題なのですが、地球人が思うバランスの概念は、宇宙人からみると、じつにいい加減です。いい加減に放置するのが地球人のいうバランスです。地球人はバランスをとろうとして、異なる意見や矛盾した考えをいい加減に袋の中に入れて、内包してしまいます。包括がバランスだと思っています。

これに対して、宇宙人たちは異なる考えや価値観を突き付けあいます。矛盾したものを激しく突き付けあうことによって、ようやくしっかりしたルールがみえてきます。それが「バランスをとる」という宇宙人の概念です。ですから彼らは、善と悪を徹底的に討議して突き付けあいます。そうやって初めてバランスをとることができると考えています。アウフヘーベン（止揚《しよう》）とか理性に近い概念です。

宇宙的理性というのは、激しく突き付けあうことによって初めて秩序が保たれると考えるわけです。その仕組みそのものを金星が司っています。宇宙的理性や非常に強い愛情を突き詰めていくことが、金星の意味です。非常にキリスト教的ではあります。そもそもキリスト教的なものは、金星的なことを教えようとしたのだと思います。

火星のシンボルは、筆記体の大文字「ℰ」のようなマークと、活字体の小文字「r」のようなマークの組み合わせです。Eマークは螺旋《らせん》状になっていますから、ものごとは繰り返すという循環を表します。rのマークはVのマークでもあるのですが、これは循環と力が同居することを表しています。つまり全体で、力が繰り返すことを示しています。地球に似た構造とかかわっています。

土星は、無限大のマーク「∞」に似た図形で表されます。ただし真ん中が切れていたり棒があったりします。循環する秩序に委《ゆだ》ねる、という意味があります。ですから、土星のことを「法務座」という人もいます。決まったことに委ねるわけです。

二つの力を方向づけるのが木星でしたが、天王星は六つの力を管理したり方向づけたりするシンボルです。冥王星は二つの力を管理します。しかも非常に荒々しい力、不安定な力を管理することを示しています。ですから、二つの線が波打ったように描かれているわけです。

海王星は一九七九年の段階で未決定と書かれています。海王星に対し、宇宙人たちはあまり関心を示していない印象を受けます。

最後に地球は、丸に斜めの線が入っているシンボルで表されます。これは秩序と無秩序の同居を示します。丸が秩序で、スラッシュが無秩序です。秩序と無秩序の同居は、このままいくと、悲しみと破綻《はたん》があるという意味でもあります。秩序と無秩序の二重性は必ず崩壊します。地球の課題・問題性はそこにあります。斜めのスラッシュは障害を表していますから、宇宙人は憂慮しているわけです。

このようにサムジーラを通して宇宙文字を学習していくわけです。明確なルールがあって、宇宙文字ができていることがわかってきます。古代の壁画などに描かれた文字も、このルールに従って読むことができます。このルールを知っているからこそ、易学《えきがく》のシンボルを見ても、よく理解できるのです。古代語や神代文字《じんだいもじ》もわかります。世界中にあるシンボルや、夢でみるユング的なシンボルも理解が可能になります。

この宇宙文字の一覧表の中で、後ろに「S」のマークが付けてあるものは、別の星系からきた宇宙人の文字を記したものです。そうしたバージョンもあるということです。

UFOコンタクトの初歩段階

初歩からマスターに至るまでのUFOコンタクトの段階をまとめておきましょう。細かくみていくと、二七段階ほどあります。

初歩段階としては、まず「身体感覚と心のバランスの調整期」がきます。

(1)一五歳くらいまでの幼少期にUFOを含む超常現象の目撃を体験します。その体験をさせることによって本人の恐れをなくすのが狙いで、未知なるものを怖がる心を軽減させる目的があります。人によっては、何度も何度も夢の中でリアルなUFOが現れたりします。

(2)空間、時間、言葉などから切り離されているような経験をします。言葉にリアリティを感じないとか、この時間は自分の時間ではないとか、この空間には自分はいないとか、あるいは、「いま、ここ」という概念にとらわれないような感覚が生じたりします。

(3)自己の意識が拡大したり、肉体内に収まらないと感じたりします。拡大感を感じて、幽《ゆう》体離脱《たいりだつ》のようなことが起きることもあります。

(4)自分の周りの物や自然、石や生物などが人間よりも親しげに感じられてきます。自然の中にいると非常に落ち着くようになり、たくさんの仲間に囲まれているような感じになります。

(5)自分にとっての楽な空間や重い空間が存在しているのがわかってきます。それは特定の地形だったり、場所であったりします。

(6)自分の身近に第三の人格が存在していることがわかるようになります。要するに、すでに宇宙人の意識が寄り添っているとか、何かいろいろな質問に答えてくれたり、一緒に遊んだりしてくれる第三の人格が感じられるようになるのです。

(7)霊的な気配や神聖なバイブレーションがわかります。つまり、目にみえない世界の意志を感じたり、これはすごく神聖だと感じる基準値がわかったりします。この感覚は、体験する以外に理解する方法はありません。

(8)感情そのものが、光や重厚感、心地よさなど身体感覚で感じ取れるようになります。この時期には何か悪いものに触れるとアレルギー症状が出たりします。

(9)優しさと攻撃心といった、対立する二つの感情によりセンシティブになります。この人に攻撃されているとか、この人は優しいとかいった、両極の感情をセンシティブに感じられるようになります。

ここまでが身体感覚と心のバランスの調整期で、その次にくる段階が、「テレパシーのトレーニング期」です。本格的なテレパシーのトレーニングが始まります。

テレパシーのトレーニング段階

この時期は、自然にそのトレーニング内容を記録につけたり絵に描いたりするようになります。なるべく、テレパシーで送られてくるイメージを絵にして捉えようとします。

(10)UFOの連続目撃など否定できないレベルの目撃体験をします。

(11)UFOとのつながり感や一体感が出てきます。どこにいても、みえていないときでもなぜかUFOとつながっているという感覚が生じるようになります。

(12)テレパシーに応答してUFOが出現したり、方向を変えたりするようになります。

(13)UFOからとみられるイメージが心の中に現れ、はっきりみえるようになります。心の中のビジョンが具体的に絵になって、三角形、卍、十字架、六芒星《ろくぼうせい》などのシンボルがひんぱんに出現するようになります。
⑭シンボルだけでなく文字のようなものがビジョンとして現れてくるようになります。
⑮この段階になると、文字を書き留めたい衝動が出てきて、手が自然に動いて自動書記の状態になったりします。
⑯UFOの部品のようなモノや、UFOの内部の様子が意識の中に浮かぶ（テレパシーでみる）ようになります。これがコンタクティーの間で「サムジーラ体験」と呼ばれている状態です。
⑰宇宙人のナレーション入りのニュースのようなものをテレパシーでみるようになります。宇宙人の胸から上の映像が出てきて、ナレーションが聞こえてきます。
⑱意識の中でUFOの動かし方のトレーニングが始まります。UFOと自分が一体化して、自分の体のようにUFOを動かすという初期的な感覚を経験します。
⑲ほかの惑星のビジョンをたくさんみるようになります。この惑星はこうだとか、あの惑星はこうだといった、いろいろな惑星のビジョンをみせられます。

ここまでが、テレパシーのトレーニング期です。

宇宙的意識覚醒への道

テレパシーのトレーニングが終わると、テレパシーを使ってUFOの科学や宇宙人の哲学を学習するという段階に入ります。いわば「UFO科学と宇宙哲学の学習期」です。

⒇宇宙人との問答が始まります。宇宙人が突然あるビジョンをみせて、あるナレーションが入って、このビジョンをどう思うかと聞いてきたりします。この感覚をどう思うか、こういう現象や出来事をどう思うか、などと問いかけてきます。

すぐに答えられない場合も多々あります。それでもいろいろ考えながら、そして感じながら生活していると、ふと、その答えがポンと出てきたりします。その答えを伝えると、宇宙人は「それが正しい」とか「大丈夫、OKだ」と合格のサインを出してくれるので、次に進むことができます。こうした確証のある問答を経験します。これによってある種の詳細な微調整がおこなわれていきます。

(21)UFO内部の視点から、地球や宇宙の仕組みをみて学ぶという経験をします。たとえば、自分は巨大なUFOの中にいて、その大きな丸窓から月や地球がみえるビジョンや、宇宙空間をさまざまな光が飛び交っているビジョンをみたりします。テレパシーを使った宇宙体験です。もう少しカリキュラムが進むと、UFOの表面から宇宙を眺めることも体験します。UFOの外側に立って宇宙をみるという体験です。

(22)宇宙人の生活の一部をみせられます。宇宙人の建物とか、どういう生活をしているかという一部をみせられ、その意味を考えて学びます。

(23)テレパシー受信のパターンがあることを学習します。体が感応して文字が自動的に書けるとか、ビジョンがただみえるとか、夢に宇宙人のイメージが出てくるとか、いろいろなパターンを学びます。

(24)地球で実際に生活している宇宙人の気配がわかるようになります。「あれ、あの人、宇宙人みたいだな」という人とよくすれ違うようになります。彼らは予告なく現れ、予告なく消えます。宇宙人はいくらでも地球人の姿をして地球の中で生活できるのだということがわかります。

(25)人間の生まれ変わりの目的や宇宙的な役割といったことがわかるようになります。人間の霊性は滅びることがなく、霊性には永遠性があることを知ります。人間が永遠に存続するのだという感覚が生じてきます。生まれ変わりの仕組みがみえてきて、同時に前世の記憶のようなものが甦ってきます。

さらに、私たち地球人の中に、無意識的に宇宙人と連動して、宇宙的な役割を担っている人たちがいることもわかってきます。宇宙人とコンタクトした人たちをサポートするようなことを無意識的に果たしている人たちがいることがわかります。ジョージ・ハント・ウィリアムソンがいった「ワンダラー（宇宙を放浪する人）」とか「ハーベスター（収穫をする人）」とか「エージェント（周旋人《しゅうせんにん》）」といわれている人たちです。

ワンダラーは、宇宙人的感覚を非常に強く持っている人たちで、最初から宇宙人意識を持って生まれてきます。ワンダラー自身がコンタクティーになることもしばしばあります。宇宙的意識が幼少期に甦《よみがえ》って、「私は前世では宇宙人だった」という感覚を小さいときから持っている人もいます。『竹取物語』のかぐや姫もある意味、ワンダラーだったといえます。

ハーベスターといわれる人たちは、刈り取り人とか収穫者と呼ばれていますが、コンタクティーやワンダラーたちが、ある一定の作業が終わって、その結果が出たときに、その結果を称賛したり、社会に接続したり、還元したりする役割を担っています。彼らは、コンタクティーを社会に根付かせるプロデューサーのような働きをします。コンタ

著者（秋山）が実際に乗船したUFOの運転席

左のスクリーンは、自分が乗船しているUFOの外側からのライブ映像。真ん中のメインスクリーンは、さまざまな光の細いラインで精神のあり様を表わす。右は、近くの星の風景など。必要とするスクリーンは大きくなり、それ以外は小さくなったり消えたりする。

スクリーンの下は、さまざまな形の光るボタンが多数ある。チェアは底部から継ぎ目なくつながっている。座ると体にフィットして固まる不思議な金属。室内は全体に明るいが光源が見当たらない。視点を向けたところが明るくなるようである。船内は、つやを消したアルミニウムのような質感でグレーに近い色をしている。

UFOの外側のボディは、見えない5ミリ程度のフィールドがあり、さわるとツルッとしてすべる。

⬅

UFOの母船内には、半透明で大きさがまちまちの球体の都市が多数存在する。球体内には建物があり、小型のUFOで入ることが可能。また、チューブ状の枝分かれした通路によって接続している。通路内は歩いたり、わずかに浮いた状態で高速で移動することも可能。チューブの外側は金属のようにみえるが、内側の歩行者からは外が透けてみえる。

母船UFO内の都市

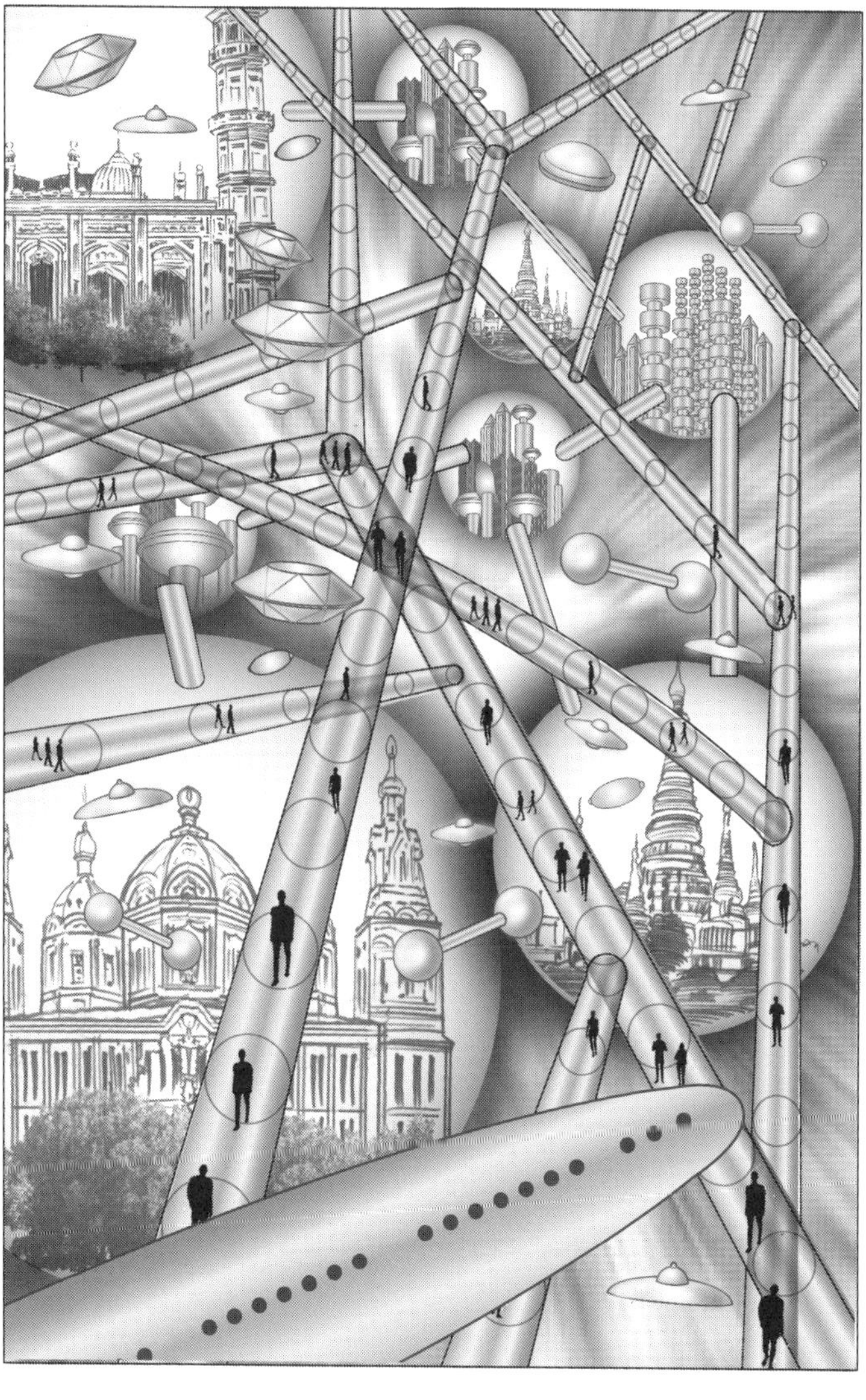

クティーにお金をもたらすこともあります。ある目的を持った映画をつくらせたりするのも彼らです。

エージェントは、関係者同士を会わせる人です。誰かを出会わせていなくなって、また会わせていなくなります。必要な人たち同士を出会わせる役割があります。私の周りにも三人ほどそうした人がいます。

(26)母船の内部や宇宙人の儀式や儀礼をみるようになります。まず母船の内部で式典のようなものをみせられます。さらにUFOが着陸した星で、儀礼をおこなっている様子をみる場合もあります。たとえば、ほかの星からきた宇宙人が、ある星に着陸して、その星の人たちと交流する際におこなう儀式では、「私は何々をした誰々の息子で何々をした○○の娘と結婚した誰々の……」という具合で先祖が誰で何をおこなった家系で、その何代目の子孫で何をしているかを滔々《とうとう》と自己紹介したりします。『旧約聖書』にも延々と系図を述べる記述がありますが、それに非常によく似ています。宇宙人は血筋とか先祖というものを重要視していることがわかります。

(27)宇宙人の教育や芸術、またはほかの星の家屋の構造、自然の風景などをみるようになります。ほかの惑星の生き物を観察したりもします。

ここまでがテレパシー学習のカリキュラムとなります。ここまでのことがわかったうえで、ここからは直接的なコンタクトが始まります。宇宙人と直接会ったり、実際にUFOにのったり、UFOの操縦を習ったり、母船にのったりします。自動車の教習所でいえば、実技の路上教習が始まるようなものでしょうか。

母船の長老との出会いと、その後の人生

直接的なコンタクトの順序としては、最初に小型のUFOに同乗します。この小型UFOに同乗するときにも、乗船に際し儀式のようなことを経験させられます。

UFOが地面に比較的近いところに滞空しながら、柱状の光がスーッと下がって、地上まで降りてきます。その柱の中に入ると、あたかもエレベーターにのったかのように体が持ち上がっていき、UFOの中に入ります。その経験をまずさせられます。

次は、着陸したUFOの扉が開いて、そこから飛行機のタラップ状のものが降りてきますが、それが階段や梯子《はしご》である場合と、なだらかなスロープである場合の両方を経験させられます。これにもそれぞれ意味があります。

これはある種の儀礼なのです。自分の足でタラップを上るとか、坂を上るとか、光の柱で吸い上げられるなど、いろいろなパターンを経験することによって、恐れを軽減していくという儀式をおこなっているわけです。同時に自分の足でUFOの中に入ることを経験させることによって、自分の意志でコンタクトをしているのだということを一歩一歩嚙み締めながら再確認させるという狙いもあるように思います。

このようにいろいろな種類の乗船の仕方を勉強させます。ですから最初は、ちょっと短時間乗船しただけで、すぐに降ろされてしまいます。この段階が何度も繰り返されます。途中で気分が悪くなった場合もすぐに地上に戻されます。とにかくUFOにのることに慣れさせるという段階が何度も続きます。確か七、八回それが続いたと思います。

その次の段階としては、小型UFOから母船の中に入る訓練が始まります。巨大母船の中が都市のようになっている様子をみせられます。その母船の中で、「長老」と呼ばれている宇宙人との挨拶儀礼があります。

そのうち、母船にのせられたときに、日本やほかの国からきたほかの地球人のコンタクティーがいるということを遠巻きにみせられます。つまり自分のようなコンタクティーが世界中にいることを知らされるわけです。

ここまでくれば、コンタクティーとしてはマスター・レベルです。その後、どのように進むかは本人次第です。

実際にそこまで経験すると、**自分自身の直感力や表現力、人を惹《ひ》きつける力、情報を分析する力が飛躍的に向上していきます。その力を何に活かしたらいいか、自分のいくべき道は何なのかを自分で考えて決めます。**たとえば、その力を陶芸に活かすのか、絵画に活かすのか、音楽に活かすのか、スポーツに活かすのか、スピリチュアルな専門家として活かすのかなど、自分の進むべき道を決めてゆきます。

自分の人生の道筋がみえてきたら、自分の力を信じて進むだけです。コンタクティーになって、パンのチェーン店をつくった人もいます。時計のデザイン職人になった人も知っています。メディアの関係者になった人もいます。作曲家、作詞家、絵本づくりの職人、画家などいろいろな人生を歩んでいます。中にはコンタクティーとして生きている人もいます。それぞれの個性に合わせて、能力が開花していくのです。

能力が開花すれば、その人の魅力に惹かれて、必要な人が集まってきます。その人たちがまた触発されて、UFOとつながっていくのです。このようにして、どんどん能力開発の輪が広がっていきます。そうした連鎖が始まるのです。

じつは誰もが経験しているUFOコンタクト

私が経験したことは特異な体験と思われるかもしれませんが、じつは多くの人は似たようなことをどこかで体験しています。ただ忘れてしまっているだけなのです。

いや、本当は全部覚えているのです。過去生で大なり小なり経験しているからです。今生《こんじょう》でそれを繰り返すことは、それを思い出す作業に過ぎません。記憶喪失を思い出す作業です。だからちょっとみるだけで、気になるわけです。卍が気になる、ダビデの星が気になる、と。それは魂が記憶しているからにほかなりません。実際には記憶喪失の人が失われた記憶をたぐるような作業です。

たとえば、なだらかな坂を上っていって、どこかでみたことがある風景をみるという夢や映像もその記憶の一つです。というのも、ＵＦＯの儀礼は、丘の上でおこなうからです。丘の上に上っていって、結果が出ます。そうしたものが私たちの中でアーキタイプ（雛型《ひながた》）になっているのです。ドラマのラストに海際《うみぎわ》や波際で告白するとか、崖や滝の上で、みんなで告白するとか、丘の上に上るのは、まさしくそういう記憶があるからです。必ずそういうところで、結果を出す儀礼をおこないます。成功体験の記憶でもあります。

子供のころの自分が、何人もの子供と一緒に丸窓から下界をみるという夢や情景をみたというのも、前世の記憶だと思われます。それもある種の儀礼です。通常、白髪の老人がそばにいて、窓からは桃源郷《とうげんきょう》のような風景をみているはずです。中国の古い絵にも、唐子《からこ》といわれる子供が大勢いて、老賢人《ろうけんじん》がいるという絵が描かれています。

誰もがこの絵と同じようなことを経験して、実際に同じような風景や光景をみているのです。老賢人が豊かな自然の中で小さい子供に教育をしているという情景です。自然界の中で、老賢人と子供が対話をするという行為が本来の教育なのです。教育の基本パターンです。それが祭りの原型であったのではないかと考えています。しかし、現在では、あるべき環境がわからなくなっています。老賢人と子供という環境の意味がわからなくなっているのです。

街の中にまず、自然の風景を残しておかなければなりません。そうした場所で祭りがおこなわれるべきです。ところが山、森、村という構造が破壊された段階で、私たちはみえない世界と分断されてしまうのです。つながる儀礼をおこなえなくなります。

私の故郷もそうでしたが、宅地造成で山を削りに削ってしまうと、山の動物は全部逃げて、平らな土地になって家が建ち始めます。そうすると、川がすぐに汚くなり、悪臭が漂うようになって、魚もいなくなります。最近はそれを戻そうとして、きれいになってきましたが、もうすでに崩してしまった山を再現することはできません。

山を大事にしないといけません。川の源流だからです。山がなくなったら、日本は終わりです。山がたくさんあったから、この国はスピリチュアルでいられたのです。これに対して、イギリスなどには森があまりありません。山と里をつなぐ森がない。西洋人は森を恐れ過ぎました。そこに西洋の失敗があるように思われます。

UFOコンタクトは、覚えているかいないかの差こそあれ、じつは本当に多くの人がすでに体験しています。その中で、ごくまれに、ほかの惑星にいって戻ってこない人もいるようですが、そういう人でも何年かしたら地球に戻ってきます。どういう歩みをするかは、過去の体験で得た個性によります。

接触をリアルに体験すると、非常に古い過去にも接触していて、宇宙人と再会する約束をしていたということを思い出します。結局、宇宙人はその約束を果たしているのです。それは未来にも繰り返されることがわかります。そのうち、未来と過去という問題が接続されてきます。自分の因果因縁《いんねん》といえるものが明確にみえてきて、自分の置かれている状況や、おこなってきたことが完結してくるのです。

自分を見失わないためのコンタクティーの心得

不安や恐怖心をなくすために

私の場合は、一三歳ごろからコンタクトが始まったのですが、そのころは、宇宙人側がすごく気を使ってくれました。私が怖くならないように、いつも配慮してくれました。

じつは私が一番怖かったのは、暗闇でUFOを呼ぶことよりも、UFOをみた後、翌日に学校にいくことでした。登校するのがとても嫌になりました。地上の世界が嫌になります。

本音をいうと、最初に多くのコンタクティーが経験するのは、何といっても日常という「現実の世界」に戻ることの絶望感です。ここで、みんな押しつぶされてしまいます。逆にいうと、ここで尾ひれをつけて、大きく話をしてしまうものなのです。みんなにどうしても聞いてほしくて、誇張して話したりします。すると、ますます相手にされなくなり、嘘つき扱いされ、つぶされてしまうわけです。

UFOコンタクティーになるということは、そこにいろいろな複雑なプロセスが絡んでくるのです。そのときの葛藤《かっとう》や違和感といった感覚や気持ちを、これからコンタクティーになろうとしている人たちやすでになって悩んでいる人たちに、詳細に伝えてあげたいという思いがあります。

日本だけでも、いま、コンタクティーになろうとしている人たちがたくさんいると思います。すでに経験している人の数を合わせると、数千人、数万人の単位でいるかもしれません。あるいはそれ以上の可能性もあります。

問題なのは、昔であれば、「UFO研究家の誰々さんのところに会いにいけば」とか、UFOホットラインとか、雑誌『UFOと宇宙』の編集部に電話するとか、相談する先が曲がりなりにも存在したのに、現在はそうした相談先がほとんどなくなってしまったことです。

世間では、確かに冷たくあしらわれることもあるかもしれません。しかし、孤独に苛《さいな》まれていたとしても、コンタクティーは決して一人ではありません。孤立《こりつ》無援ではないのです。私たちがいるし、ワンダラーやエージェントのような理解者はそばに必ずいます。そして何よりも、UFOや宇宙の意識はつねにあなたたち一人ひとりを見守っているのです。

コンタクティーと宗教の危険な関係

UFOコンタクティーには、いろいろな危険な罠が待ち受けています。その最たる例は、宗教関係者をはじめとする周囲の人たちが、「UFO体験は既存の宗教的な陶酔感と同じものだ」とか、「そうした陶酔感のような感情が神聖なのだ」とか、勝手にこじつけてしまうことです。

しかし、それでは現実から逃げているだけか、あるいは自分たちの宗教を正当化するために、我田引水《がでんいんすい》的にＵＦＯを利用してしまっているかのどちらかになってしまいます。

コンタクティーの人たちは、多くは宇宙の声が拾えるほどナーバスで繊細な人たちでもあります。そのナーバスさをわかったうえで、徹底的に痛めつけようとする人たちの意地の悪さや邪悪さは絶望的なくらいひどいものです。

神聖なものを求めているふりをして、自分の主張や正義を振りかざすような、我欲《がよく》の塊のような人たちが多かった時代もありました。我欲を正当化するためにＵＦＯを利用している人がたくさんいました。宗教の関係者たちは、どんどんＵＦＯの話を取り込んでいって、布教に利用したりします。

そういう人たちは、自分の主張や教義に都合の悪いコンタクティーを徹底して攻撃してきます。親しいふりをして入り込んできて、スパイのように情報を引き出し、それをネタにして叩くなど、あらゆることをしでかします。最後は「あれは偽物だ」といって貶《おとし》めます。

ここが重要なポイントで、私はそういう目に遭《あ》ったので非常につらかったわけです。コンタクトの素晴らしさがみえてくればみえてくるほど、相対して現実の社会生活がつらくなっていきます。そのとき、宇宙存在は私に次のように告げました。「いったん、君たちの同胞の黒い龍のごとき我欲に絶望を経験せよ。そして明確にそれと決別する意志を表明しなさい」と。

この我欲は、他人の中にも自分の中にもあるのです。つまり、「君たち地球人の同胞の中にある邪悪さに気がつき、死ぬほど絶望して決別しないと、地球人は進化しないだろう」と告げているのです。ここまで、原発事故であのような思いをしたのに、まだ原発をやめずに推進し、ここまで戦争をしても、まだ戦争を続けているのが、地球人のあり様です。

あるコンタクティーが、「花の美しさに酔うな。実の白黒を見抜け」といったことがあります。まさにその通りだと思います。

やはり先をみないとダメです、未来をみなくては——私たち地球人にいま、その責任が厳しく問われているのです。

私たちはどうしても、いまを生きたい一心で目先の利益に目がくらんでしまいます。いまやりたくないことは先延ばしして、未来の負の遺産にしてしまう傾向が強いのです。原発にしても、戦争にしても、インターネットの匿名《とくめい》中傷問題にしても、すべてがただ後回しになっているように感じます。危険は累々《るいるい》と未来に積み上げられていきます。

その我欲の邪悪さに真正面から向き合って、いまここで我欲と決別をしなければ、地球に未来はないのです。

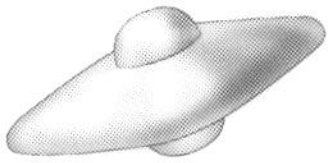

4章

UFOとの交信で人生はこれほど変わる！

人生が変わるコンタクト・インパクト

『地軸は傾く？』という本を書いてコンタクト体験を発表したレイ・スタンフォード（一九三八～）とレックス・スタンフォード（一九三八～二〇二二）という有名な双子兄弟がいます。二人は米国テキサス州出身で、一六歳くらいのときにUFOを目撃、レイは霊的な能力に目覚め宇宙人と交信するようになりました。彼は、それをきっかけにしてUFO研究家となり、UFOを探知するための団体などを創設。同州オースティンにUFO着陸場を建設するなど、長年にわたりUFOの調査研究を続けました。

そのレイが、人生の後半になって改めて脚光を浴びるようになったのは、恐竜の化石ハンターとして、でした。一九九四年にメリーランド州周辺で子供とネイティブ・アメリカンが使っていた矢じりを探しているときに、恐竜の足跡が刻まれたとみられる平らな岩を発見。その後、調べたところ、イグアノドンの足跡と判明し、以来、次から次へと一億年前の恐竜の足跡や化石を多数発見します。その数と分類の緻密さは、ジョンズホプキンズ大学の古生物学者やスミソニアン博物館の学芸員といった専門家も驚くほどで、一躍恐竜研究家として知られるようになりました。

発見する能力は、UFOとのコンタクトを通じて飛躍的に高まることはよくあります。私自身も希少価値のある鉱石を探すのが得意です。何となく、どこにあるかがすぐにわかるようになるのです。

一方、双子のもう一人であるレックスは、当初は物理学を勉強しようと思っていましたが、レイの影響もあり超能力研究の道を選びます。大学では心理学などを学び、認識心理学で博士号をとると、超心理学の研究に邁進し、ニューヨークのセント・ジョンズ大学などで超能力研究の第一人者として輝かしい実績を残しました。

この双子の兄弟の話は、コンタクティーがUFOとコンタクトをしたことによって劇的に能力を開花させたケースです。つまりコンタクトは、その人の人生を変えるきっかけにもなるわけです。そういうケースは山のようにあります。

UFOの接触者が非常に天才的な能力を発揮して、発明品を次々つくったり、教えを説くようになったりしたケースは非常に多く、映画の題材にも使われています。ジョン・トラボルタが主演した映画『フェノミナン』がいい例です。小さな田舎町で暮らす平凡な男が三七歳の誕生日を迎えた夜、謎の閃光《せんこう》を目撃したことによって不思議な力を得るという物語ですが、この映画は、科学と宗教の中間のような教えを説いたロン・ハバード(一九一一〜一九八六）の人生にヒントを得たものだという人もいます。彼にはファンが多く、SF作家で教会の司祭にもなりました。

ハバードは、人間の心の中にある歪《ゆが》みや傷、それに誤作動につながる反応癖をていねいに取り除いていけば、「セイタン」と呼ばれる、宇宙からやってきた完全な意識が目覚めるというような教えを説きました。

すでに紹介したユリ・ゲラーにせよ、アレックス・タナウスにせよ、UFOや宇宙人とコンタクトした前後に、超能力や宇宙人との交信以外に、さまざまな才能を花開かせています。タナウスは、「アメリカ・イン・ジャズ」などの作曲家としてフランスのグランプリをとっています。九か国語を話し、哲学など二つの博士号と三つの修士号も持って人文学者になりました。ユリ・ゲラーは毎年、自分の仕事と趣味を変えていくくらい、彫刻作品をつくったり、発明品をつくったり、電子機器に関心を持ったり、小説を書いたりと、あらゆる分野でその才能を発揮しています。

ビジネススクールで経営を教えたり、自分で店舗を経営しているフランス人のジュリアン・シャムルワ（一九八〇〜）も、一六歳でUFOを目撃して以来、宇宙人との交流が始まり、人生を大きく変えることになった一人です。シャムルワ氏はUFOとのコンタクトを経験して以来、宇宙と一つになる感覚である「ワンネス」をひんぱんに経験するようになります。

その経験が彼の持つ無限の可能性を広げることにつながり、パリの大学で言語修士号や教育学博士号を取得、語学の才能を開花させるとともに、ビジネスの世界でも活躍するようになったとのことです。

医者からUFO啓蒙活動家へと転身した人もいます。米国ノースカロライナ州のコールドウェル記念病院で救急救命室部門の部長医師を務めていたスティーヴン・グリア（一九五五年〜）です。彼は九歳のころにUFOを目撃、以来夢の中で宇宙人と出会うようになります。一七歳のときには、左腿《もも》のケガから感染症を患い、臨死体験をして、宇宙意識と一体となる体験をします。その体験後は、ひんぱんにUFOや宇宙人と交信するようになったそうです。

グリア氏はその後、医学校を出て医師免許を取得、救急救命医として一〇年近く働いていましたが、一九九〇年に立ち上げた、地球外文明と積極的に接触する活動を推進する「地球外知性研究センター」の仕事に専念するために、九八年に医師としてのキャリアを閉じ、UFOや地球外知性の情報開示や啓蒙活動に専念することにしました。

そして二〇〇一年五月九日、米国の首都ワシントンDCの歴史あるナショナルプレスクラブで、政府、軍の関係者ら約二〇人が、UFO情報が一部の権力者によって隠蔽されてきたという暴露会見を開くことに成功しました。

これによって、一九八六年一一月一七日に日本航空ジャンボジェット機の機長がアラスカ上空で巨大UFOを目撃した事件は、星などの見間違いではなく、レーダーにも映っていた本物であったことなどが確認されています。

意味のある夢と不思議なシンクロ現象

少年時代のグリア氏が夢の中で宇宙人と交信したように、画家の横尾忠則《よこおただのり》氏（一九三六〜）も、長く夢日記をつける中で、「ドリームコンタクト（夢を介する宇宙人とのコンタクト）」と呼べるような体験をしています。夢の中でUFOから多くの啓示を受けながら、それをモチーフにした絵を描いたり、言葉にしたりして、多くの作品を発表してきました。

漫画家の手塚治虫《てづかおさむ》（一九二八〜一九八九）も、一九五六年に飛行機の上からUFOを目撃した体験をメディアで紹介しています。彼はUFOに関連した作品もたくさん発表してきました。UFOに並々ならぬ興味を抱いていた三島由紀夫（一九二五〜一九七〇）も、一九六〇年五月二三日に東京の自宅屋上で夫人とともに葉巻型ＵＦＯらしきものを目撃、その二年後に宇宙人と地球人のコンタクトを題材とした『美しい星』というＳＦ小説を発表しています。

神がかりの研究もおこなった天文学者パーシヴァル・ローウェル

UFO肯定派だった天文学者クライド・トンボー

日本の天文学の父と呼ばれるパーシヴァル・ローウェル（一八五五～一九一六）は、日本の神がかりに関心を持って、人間の神がかり能力、つまり宇宙との交信能力を肯定的にみる立場に立ちました。

彼の学術的な流れをくむ天文学者・クライド・トンボー（一九〇六～一九九七）も、一九五〇年前後に複数回、非常に大きなＵＦＯを目撃、その経験がきっかけとなってＵＦＯ肯定派に転向しました。

そしてトンボーを追うようにしてＵＦＯ否定派から肯定派に転じた天文学者ジョゼフ・

アレン・ハイネック（一九一〇〜一九八六）は、ＵＦＯを肯定的に調査・検証する専門家として、スピルバーグが製作した映画『未知との遭遇』の監修まで務めています。学問的な世界にも、ＵＦＯ肯定派の流れがあるのです。

比較的多いのは、横尾氏のように夢で宇宙人とコンタクトを続ける例です。これにはメリットがあります。コンタクトする側は、いつでも「これは夢だ」と思うことで不必要なストレスが軽減されます。つまり、同時に恐れも軽減することができるわけです。

言い換えると、地球人は宇宙人と現実的なコンタクトをすると、当然否定できなくなりますから、追い詰められるのです。未知のものに対する恐怖も覚えるはずです。信じてもらえないという孤立感も加わり、多大なストレスが発生します。

コンタクティーが社会に対して然るべきことを主張していくということは、たいへんなことなのです。自分の安全を守りながらＵＦＯ問題を研究していくにも多大な努力が必要となります。恐れやストレスに打ち勝つ力がないと、なかなかコンタクティーとしてやっていけないという現実があります。そういう力がない人がコンタクトをすると、非常に危険な場合もあることが予想されます。

宇宙人は当然、そのことも配慮しています。だから夢によるコンタクトが非常に多いわけです。

私自身も、ＵＦＯや宇宙人関連の話をテレビ番組や講演会で話したり雑誌に取材されたりして注目された時期には、町を歩いていても、そこらの学生が寄ってきて「秋山だよな、オカルトだよな」と、彼らから好奇な目でみられて後ろ指を指《さ》されたり、駅のホームで突き飛ばされそうになったりしたことがひんぱんにありました。

とにかく大衆は、メディアなどによって「怪しい人」のレッテルが貼られると、その人に対して「それみたことか」というあざけりを浴びせるものなのです。多くの場合、一方的にあざけられ、罵《のの》られて、反論の機会さえ与えられません。テレビの討論番組で科学者たちに真正面から批判されるほうがよほどましです。こちらにも反論できる機会があるからです。

飲み屋さんでお酒を飲んでいると、元大学教授というような人たちから喧嘩を吹っ掛けられることも間々《まま》あります。「お前みたいにＵＦＯを信じるような奴がいるから、オウム事件みたいなカルト事件が後を絶たないのだ」といわれたこともあります。いったいどのような研究からそのような結論が出てくるのか、首をかしげたくなります。

まったくコンタクティーにとっては悲しい限りの現実が待ち受けています。

その一方で、宇宙人とコンタクトすることによるメリットも多大です。まず、自分の心に間違いなく変化が訪れます。

未来を緊張と弛緩でのぞく

宇宙人と接触すると、どのように心が変わるのかというと、まず、集中と弛緩《しかん》のメリハリがつけられるようになります。まず、一つのことに集中する力がきわめて強くなります。普通の知覚能力と違って、とびぬけた集中力で学んだことは、学問のようにすぐに言語化できなかったりしますが、瞬時に「重要なことはこうだ」とわかったりします。だから、周りの人からすると、説明もなしに思い込む、偏った頑固者にしかみえないこともあります。

しかしその半面、今度は弛緩すると、きわめて自由な発想も持てるようになります。普通の人がみないような、いわゆる常識的な世界観の枠組みの周辺、またはその外側のものに突如関心が向いたりします。私はこの志向を「アルティメット・フロンティア（究極の境辺）の開拓」と呼んでいます。

つまり、**弛緩、リラックスすることによって、常識的な世界観の外側からの情報に触れ**

たり、逆に激しく集中することによって、何か宇宙の法則のようなことが突如わかったりするようになるのです。

それはある種の未来的な集中と弛緩とも呼べるものです。たとえば、誰も関心を持たない、あるいは社会的、宗教的理由で避けられているテーマだが、将来においては偉大なテーマになりうるものがあったとしましょう。もしかしたら社会や地球を救い、これまで考えもつかなかった方法で人の心を楽にしたり、人の命を延ばしたりするようなことを、直感的に発見したり、わかったりするようになるのです。

これは、ちょっと未来から現在をみる作業でもあります。一〇〇年くらい先に有効になるものが、いまどうしても気になるようになります。ここが大事なポイントです。

コンタクティーや霊感を持っている人の主張は、しばしば現実離れしているし、それこそ五〇年後、一〇〇年後にならないと意味がわからない場合が多いのです。この問題は根深くあります。だからこそ、ビジネスにしろ、科学にしろ、それぞれの専門分野の知識を持っている人が、本当は真摯《しんし》に彼らがいっていることを聞きとってほしいのです。それは未来を開拓する知識になり得るからです。

しかし、大きな問題は、コンタクティーや霊感を持っている人たちの多くは、集中と弛緩で知り得た情報を言葉にするのが上手《うま》くないということです。直感的にはわかっても、それを言葉にする力が不足する場合が多いのです。

右脳的に情報が翻訳されて入ってくるので、それを左脳で論理的に説明するのが非常に難しい。ですから、彼らが何をいいたいのか、何が気になっているのかを、聞く側が斟酌《しんしやく》して解釈する必要が出てきます。

未来から現在をみている価値観には、論証や論述手段など現在、この世界にはないわけです。説明のしようがありません。エジソンが発明したタイプライターにしても、蓄音機にしても、イタリアの電気学者グリエルモ・マルコーニ（一八七四〜一九三七）の電話（無線電信）にしても、最初は「バカではないか、そのようなことができるはずはない」といわれたはずです。

イギリスの作家H・G・ウェルズ（一八六六〜一九四六）の『タイムマシン』というSF小説にしても、いまでも時間を超越するのは現実問題として不可能だと思われているはずです。

しかし、宇宙人が実際にそれを実現していることは、私がすでに体験しています。優秀な学者たちも、そのメカニズムに気づき始めているのではないかと思います。

時空を超越する「量子脳」活用のススメ

人間の能力は、じつは果てしないのです。激しく集中すれば、とことん掘り下げることができます。前出の発明家ニコラ・テスラは集中すると、頭の中でいろいろな実験ができてしまったといわれています。その実験の最中は、みえない実験室で盛んに手を動かす夢遊病者のようであったともいいます。集中するだけで、頭の中でいろいろなシミュレーション実験ができるのです。

ここまでくると、テスラの能力は、量子論的な能力と呼べるかもしれません。量子脳状態になっているわけです。テスラと同時代に生きたエジソンが、自分の周囲を飛び回り、閃きや未知の情報をもたらしてくれる存在を、いみじくも知性の電子集団「リトル・ピープル」と名付けたのも、決して突飛《とっぴ》なことをいっているのではないのです。まさに量子脳状態のことを言い当てている表現です。

そして集中のあとに弛緩すれば、それに関連する情報が溢れんばかりに押し寄せてきます。この集中と弛緩によって、未来を垣間見て、同時に未来から現在をのぞくことができるようになるわけです。

この量子脳モードに入ったコンタクティーたちは、**まるで未来からみているような状態となり、すでに完成された未来へと向かう激しい集中力と、現在の情報を極めて広い範囲で外側からみることができる俯瞰《ふかん》性を手に入れることができる**のです。この状態においては、時間と空間はほとんど意味がなくなってきます。時空を超越している状態なのです。

この時空を超越した能力は、どのような分野にも活用できます。短時間でいろいろな発見ができます。

問題は、いまの社会に生きる人が理解できるように、言語化してくれたり、数値化してくれたりする人が周りにいるかどうかです。

エジソンの場合は、将来才能が開花すると絶対的に信じた母親の存在が大きかったはずです。人と違う変わったことをして問題ばかり起こし続けるエジソンを幼いころからずっと助け続けて、彼の能力を伸ばしたのです。

前出の鉄鋼王、アンドリュー・カーネギーは、神秘主義思想を背景に超常的な商才を発揮して莫大な財を成した大富豪です。彼は直感的に何でもわかった人で、独自の成功する法則を持っていましたが、それを社会が理解できるように説明することには苦労していました。結局、ナポレオン・ヒル（一八八三〜一九七〇）という若いジャーナリストと出会って、彼に表現させて成功の法則を書かせたとされています。この出会いによって、たいへんな影響力を持つ成功哲学が生まれるわけです。

日本では、巫女《みこ》（巫覡《ふげき》）と審神者《さにわ》の関係が、この人間関係に相当します。神がかったように、過去や未来を感じてしまう人と、それを分析する人が必要だということを示しています。これだけ世の中が合理主義、物質主義ばかりを重視し、巫女的な能力を持つ人たちを認めないように推移しているのをみると、もったいないと思います。

もちろんそうした障壁を乗り越えて、自ら研究や学習を進めて、社会との接点を見出して活躍している能力者もたくさんいます。でも、そうした能力者を取り巻く環境は厳しく、負荷も極めて大きいのです。

科学の暴走と、置き去りにされた精神世界

精神世界と科学が分裂したことから生まれた弊害《へいがい》は、大きくなる一方です。「科学、科学」と合理主義科学を振りかざしながら、理知的な社会が生まれたと思い込み、科学は一方的に暴走を始めました。その結果、大きな戦争があちらこちらで勃発《ぼっぱつ》し、大量破壊兵器は量産され、しかもそれを止めることもできません。ミサイルが飛び交い、話し合いもろ

くにできないあり様になってしまいました。世界各国が戦争モードに突入し、どこそこの国では嬉々《きき》として軍事費を大幅に増額する始末です。

核汚染も合理主義科学暴走の産物です。チェルノブイリや福島原発の事故をはじめとして、あんなにも大きな事故があったにもかかわらず、今後一〇万年にわたり地球を汚染し続けるだろう大量の核廃棄物を生み出す原発依存に歯止めがかからない状態です。なぜ原子力エネルギーを推進するのか。

背景にあるのは、精神世界をなおざりにして暴走を続ける科学の傲慢《ごうまん》さと、人間の心を中心に考える精神世界に対する科学の無知、無理解があるように思われます。

意識と機械は連動する

一方、宇宙人は、おそらく完全なフリーエネルギーを手に入れています。みえない世界の別の空間からエネルギーを得ているような気がします。突飛な考えに聞こえるかもしれませんが、非常に現実的でもあります。というのも、私たちが住む銀河宇宙も、目にみえない未知の物質である「暗黒物質（ダークマター）」やダークエネルギーの影響を多大に受けていることがわかっているからです。

宇宙の八〇パーセントはそうした未知のエネルギーに満ちていると考えることもできます。広大な宇宙に偏在《へんざい》しているとされる、こうした未知のエネルギーを彼らが利用しないはずはないのです。

それはまた、人間の意識と連動するエネルギーであるように思われます。というのも、UFO観測会を開催して実際にUFOが出現すると、こちらの呼びかけに瞬時に応答したり、動いたりするからです。UFOに向かって、テレパシーで「曲がれ」と思うだけで、UFOは思った方向に曲がってくれます。つまり、彼らは意識と機械が連動することを実践してみせてくれているのです。観測者とUFOの間が想念で直結するのです。

たとえばある観測会では、携帯用のコンパクトデジカメのフラッシュに呼応し連動して、遠くの一〇機ほどのUFOが一斉に光るという技を披露していました。コンパクトデジカメのフラッシュの光は、せいぜい届いても実質一〇メートルほどです。ところがまるで夜空の星々に紛れて飛び回るUFOの船団は、デジカメのフラッシュが焚《た》かれた瞬間に、まったく誤差なく同時に一斉に光ってみせてくれました。

その場にいた参加者のほぼ全員がそれを目撃しています。つまり地上の撮影者の脳と直結して、UFOが反応していることがわかるわけです。

実際、ＵＦＯも想念で操縦します。パネルのスクリーンで確認しながら意識を集中させ、同時にリラックスすると、心が本当に澄み切った状態になる瞬間がきます。その瞬間にＵＦＯのスイッチが入ってパーッと光ります。そして心をその状態のままで保つと、ＵＦＯは念じるままに動かすことができます。

現代科学がまったく想像もできない、科学技術（物）と精神世界（心）が融合した想念の科学がそこにあります。その物心一体の科学に進むように、地球人に大転換の必要性を訴えているのがＵＦＯです。コンタクティー一人ひとりの人生だけでなく、地球の人類に対して心の変化を促しているのです。

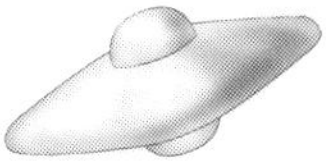

5章

あなたにもできる。UFOの呼び方

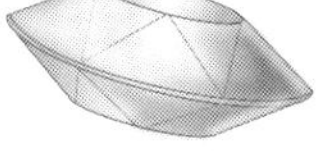

ＵＦＯを呼びやすい時間帯

ＵＦＯを呼ぶには、時間と空間の問題が非常に重要になります。

ＵＦＯを呼びたい、みてみたいと思った場合に、最初に設定しなければならないのは、いつおこなうか、なのです。

ＵＦＯが出現しやすいのは、水曜日で、かつ各月の二三日か二四日です。できれば二三日の夜半から二四日の明け方にかけてがベストです。どうして水曜日で二三日がよいのかは、説明できません。日本でも「二三夜待ち《にじゅうさんや》」や「庚申待ち《こうしん》」といって、毎月二三日の夜に何か不思議な現象が発生するのを見守る祭りがあります。かつてジョン・Ａ・キール（一九三〇～二〇〇九）というアメリカの超常現象研究家が世界中のＵＦＯ目撃事例を集めて調べたところ、目撃事件が水曜日と二三、二四日に集中していることがわかったのです。事実、私の経験からも、同じことがいえます。

おそらく水曜日とか二三日には、普段あまり起こらないような、確率的に偏った現象が起こりやすいという、何らかの未知の法則があるのだと思われます。別の世界の扉、異次元ワールドのドアが開きやすくなる周期や特異日が存在するのかもしれません。

しかしながら、いつでも出るともいえます。私はもう、日時自体もあまり気にしませんが、**最初は日時を決めて、できれば二三日の水曜日の夜から二四日明け方にかけて観測会を開くといいでしょう**。午前三時から同五時くらいまでの、空が明ける直前くらいの時間が一番出やすいのです。

どうしてこの時間帯なのかというと、人が寝静まっているからです。混乱した想念が少なくなり、テレパシーが混信したり雑念で波打ったりしなくなります。人間の集合無意識も量子的情報も比較的静かになっています。テレパシーを阻害するノイズが少なければ、私たちの思いも届きやすいし、宇宙人からもメッセージが届きやすくなります。

二〇二二年秋にも、二三日ではありませんでしたが、富士山の麓にある静岡県の朝霧《あさぎり》高原でUFO観測会を開催しました。

午前三時ごろからUFOが多数現れました。満天の星空の中、二〇機以上が乱舞したのです。それを目撃した参加者も狂喜乱舞です。みんな驚いて大騒ぎになりました。最後は富士山の山頂上空でぴったり、反対方向から飛んできた二機がすれ違ったのです。

UカーブやジグザグН航法など、UFO以外にはありえないという動きをさまざまみせてくれました。しかも、何ともいえない柔らかい、優しい飛び方をしたのです。すごくファンシーでした。ディズニー映画みたいに澄んだ冬の星空で、お月様も出て、本当に美しい夜でした。参加した人たちの心の状態がよかったのだと思います。

午前三時なら自衛隊機や民間航空機が二〇機も同時に乱舞することはありません。UFOは自由に飛び回っていますから、直線で飛ぶ人工衛星でも流れ星でもありえません。最後は私たちからみて富士山のちょうど真上で反対方向からきた二機がすれ違うわけですから、まさに私たちの呼びかけに応じて出現してくれたことがわかるのです。

天候さえよければ朝霧高原がお勧めです。ただ、冬は寒いので、かなり暖かい格好をしていかなければなりません。もっとも、冬のほうがよくみえます。だから、午前三時から五時までと最初から狙って、時間を区切ってUFO観測会を開くといいかもしれません。寒くても、暖かい格好をして外に出てみるのが一番いいでしょう。その時間帯が晴天の日を狙うのです。

UFOが現れやすい場所の特徴

時間が決まったら、次は場所です。

当然のことですが、UFOと交信しやすい場所はパワースポットと呼ばれる場所です。

ピラミッド状の山があるそば、昔の人が神々と交信した磐座《いわくら》・巨石構造物があるそば、朝霧高原のような開けた高原地帯などがベストです。古代遺跡、とくに縄文時代の祭祀《さいし》遺跡がある場所もお勧めです。意外と古墳のそばでもよく出現します。

アメリカでは、初期のコンタクティーたちはよく「ジャイアント・ロック」と呼ばれる巨岩をUFOとの交信場所として使いましたが、一九七七年に映画『未知との遭遇』が公開されてからは、映画でUFOが降りる場所として描かれたワイオミング州の岩山「デヴィルズ・タワー」がUFOの聖地となりました。巨石や目立つ山がある場所は、UFOが出現しやすい場所だといえます。

映画『未知との遭遇』で有名になったデヴィルズ・タワー

UFOにかかわる巨石では、さざれ石などの礫岩《れきがん》、墓石によく使われる花崗岩《かこうがん》がUFOを呼ぶツールとして適しているとされています。神南備《かむなび》型のピラミッドのような山や、ジッグラトのように頂上が広く平らになっている山、スフィンクスのように大きな顔があるモニュメントがあるような場所も適しています。

その次に比較的現れやすいのは、**大きな湖のそばです。静かな入り江もいいでしょう。**

ただし、私の経験からは、海よりも、静かな湖のほうが出やすい感じがします。

どうして湖がいいかというと、穏やかな水のあるところのほうが、私たちの心が安定するからです。荒れる海など荒っぽい水だと、私たちの心も大いに乱れてしまいがちになります。心が静まらないといけません。波立たない水があるところがいいのです。主な湖を挙げるならば、琵琶湖《びわこ》、諏訪湖《すわこ》、相模湖《さがみこ》、奥多摩湖《おくたまこ》、富士五湖、十和田湖《とわだこ》といったところでしょうか。大きな、静かな湖ならどこでもよいでしょう。

ただし、夜間、街の光が強すぎると、どうしてもＵＦＯをみつけづらくなります。灯《ひ》がある程度消えて、暗いほうがベターです。

私も若いころは、四、五台の車に分乗して、暗くて星がよくみえる開けた場所にいって、寒ければ車で暖を取るなどしてＵＦＯ観測会をよくおこないました。車を使って観測会をおこなう方法もあります。立ったままずっと空を見上げていては首が痛くなるので、夏などはシートを敷いて寝転がり、楽な姿勢で空をみるといいでしょう。快適さやリラックス状態を最優先で考えるべきです。

時間と場所を決める際、参加者の安心を確保するのも大事になります。できれば、翌朝は仕事がなく、一晩徹夜しても大丈夫だという余裕と安心を確保しておくと理想的です。また、できれば一人でいくよりも、何人かのグループでおこなうといいでしょう。協力してくれる人が何人かいて、簡単なキャンプをするのが一番安心で安全です。

あるいは、そばに気軽に出入りできる、お手洗いのある建物が確保できるとなお理想的です。寒くなったときにはそこで暖をとったり、お腹がすいたら食事を軽くとれたりするような施設があれば、UFOが出現するのをのんびりとリラックスしながら、余裕を持って待つことができます。

理想的なメンバーや人数とは

人数は五、六人くらいでみるのがベストです。私の場合は、基本的には五人ワンセットで考えます。五人よりも多い場合は一〇人とか、五の倍数にして観測するようにしています。五人は、相互に安心するには最も適した最小限の人数といえます。

かつては、軍隊式に手をつないでみんなで輪になり、UFOを呼ぶスタイルが流行しました。しかし、ずっと続けていると疲れてしまうので、必ずしも輪をつくる必要はありませんが、それはそれなりに面白いです。輪になって呼ぶことによって、量子的な情報が発信しやすくなり、かつ受信しやすくなるという効果が見込めるからです。また輪になれば三六〇度見渡せるので、どの方角でＵＦＯが出てもみつけやすいという利点もあります。

アメリカのスタンフォード兄弟のグループや、ＣＢＡ（宇宙友好協会）を前身とするＣＢＡインターナショナルという日本のＵＦＯ研究団体がよく実践していました。

私も昔、ある地方で、「ＵＦＯを呼んでください」と頼まれていったときに、一列に並んで必死に声を出す、軍隊式の呼び方に固執している人に出会ったことがあります。私はみんなにリラックスしてのんびりしてほしかったのですが、その人は「そんなにダラダラしていてはダメだ」と譲りません。そうなると、誰もリラックスできなくなります。本人は自分が波動を乱しているという自覚がまったくないまま、みんなの心の状態を不安定にしてしまったことがありました。

精神世界ではよくあるパターンです。ほかの人を支配したいために、軍隊のように威圧する人がいるのです。相手を納得させたいがために、その人を批判して、強圧的な態度をとったりします。相手を洗脳して優位に立とうとします。

しかし、そのような態度をとる人は、家族仲が悪かったり、仕事がうまくいっていないなど、すでに現実生活に問題を抱えていたりします。こういう人が精神世界に入ってくると、そのような独善的に人を支配しようとするケースがよく見受けられます。

誤解している人がとても多いのですが、リラックスしないと呼べません。不安や恐怖があっては、うまくいかないのです。なぜ集団で呼ぶかというと、それはリラックスするためなのです。真っ暗な山の中や野原で、一人でUFOを呼んでも、風で木々がきしんで鳴るだけで、思わずビクッとなるはずです。疑心暗鬼《ぎしんあんき》になり、不安や怖さが増すだけでしょう。それでは心の安定は保てません。安心してリラックスできなければいけないのです。五人ならば何とかなるという安心感が湧いてきます。

できれば、**心が優しくて、考え方が偏っておらず、勇気があって、自由にものが考えられる人たちと五人のグループをつくってください**。かつUFOが出てきても、怖がることもなく、ただ純粋に楽しみたいという人たちを選んでください。

逆に妙にマニアックで一方的にしゃべって、人のいうことを聞かなかったり、妙に神がかって騒いだりする人は、ふさわしいとはいえません。凝り固まった教義のようなものを振りかざして、ほかのメンバーを不安定にするような人もご遠慮してもらったほうがいいでしょう。

UFOを呼び寄せるメンタルの状態とは

そうした五人のグループができたら、空に向かってまず五分間だけUFOに呼び掛けてみてください。五分でじゅうぶんです。五分間念じたら、その後の三〇分は自分のペースでゆったりすればいいのです。

そのようにリラックスしていると、何となくメッセージが降りてきたと感じるようになります。たとえば、「午前三時四二分くらいにくるのではないか」というような勘が働くようになるのです。UFOが出現する時間的なポイントがわかるようになります。熟達してくると、浮かんだ通りのドンピシャの時間に現れます。

ただし、UFO側も時間通りに現れるのはじつにたいへんなことなので、ずれることもあります。時間と場所をフィックスするのは、私たち地球人が想像する以上に難しいようです。

それでもそういう直感を受けた場合には、グループ内で情報を共有して、みんなの心をその時間に向けるのもいいかもしれません。時間まではリラックスして、その後、その時間に向けて気持ちを高めていけばいいのです。

もう一つ、人に説明する目的でなければ、写真撮影を最優先にしないことも重要です。観測会をおこなうと、カメラを持って「どこですか、どこですか」といいながら、あちらこちらを移動する人も時々出てきます。

しかし、このように落ち着きなくうろうろして騒がれると、みんなの心の平安を乱す要因となります。

そもそもUFOは、最初はみつかりづらい光の強さでくることが多いので、カメラのファインダー越しで空を探しても、まず、みつけ出すことができません。ですから撮影を最優先にせずに、まず肉眼でUFO確認してじっくりと観察するようにしてください。

撮影したいなら、カメラを三脚に固定しておいて、とりあえず空を広く収めた構図にしておくという手もあります。UFOが出てきたら、その方向にレンズを向けて、全体を撮影するのです。それでもUFOは十分に捉えることができるはずです。私の経験では、それが一番の方法だと思います。

ほかに気をつけるべきことは、深呼吸をすることです。苦しくない程度に、ゆったりと呼吸をします。とくにUFOを呼んでいるときは、気負《きお》って力《りき》んでしまう人が時々います。そうならないためにも、息を止めずに、ゆっくり、ゆったりと、大きく深呼吸します。

星や人工衛星と見まちがえない

また、天体や飛行機と見まちがえないようにすることが大切です。飛行機は衝突防止灯などの点滅光を放っています。規則的に光が点滅していれば、まず飛行機です。双眼鏡を持っていけば、飛行機とＵＦＯの区別は簡単につけられます。

また、自分のいる位置に向かって真っすぐ飛んでくる流星は急に輝いたりするので、夜空を横切る流星と違ってＵＦＯとよく間違えられますが、そうした流星があることを知っているだけでも区別できるようになります。

逆に流星がたくさん飛ぶ夜は、ＵＦＯもたくさん飛んでいます。流星群がきているときに夜空を見上げると、流星群に紛れてけっこう飛び回っています。優秀なコンタクティーがＵＦＯと接触した時期が、流星群がみえる時期と一致していたという報告もあります。理由はわかりませんが、人は流星をみると宇宙の美しさや清らかさを感じやすくなるので、宇宙人側もそうした心の状態の地球人とならコンタクトしやすくなるのかもしれません。

あるいは、流星群がみられるときなど、きわめて確率の低い、めったにない現象が起きるときは、異次元世界の扉も開きやすくなり、ＵＦＯも出現しやすくなるという可能性もあります。

とくに見間違えやすいのは人工衛星ですが、先ほども述べたように、人工衛星は定規を当てたように直線でしか飛びません。夕暮れ時の飛行機と同様に、太陽光を反射しているだけなので、飛び方に注目すれば、容易に見分けられると思います。

近年、何かと問題となっているドローンも、双眼鏡で確かめれば、間違うことはありません。

雲が低く垂れこめているときは、サーチライトに気をつける必要があります。雲にサーチライトが当たると、光の点があちこち飛び回るようにみえるので、UFOの飛び方に似ていなくもないからです。とくに広告用の強い光源を持つサーチライトは、UFOにそっくりにみえます。とはいえ、そのことをわかったうえで注意深くみれば、区別できるはずです。

海では、水温と大気温の差があるときに、蜃気楼《しんきろう》的に漁火《いさりび》が水面付近に漂う冷気によって屈折し、さまざまな形に変化してみえることがあります。これは確かに動き回るUFOのようにもみえますが、不知火《しらぬい》と呼ばれる自然現象にほかなりません。ただ、そのような珍しい現象が発生するときには、その上空にUFOが出現する可能性が高くなりますから、チャンスだと思って、不知火が出ている海上ではなく、もっとずっと上空のほうを注視してみてください。

イギリスの緯度の高いところにあるストーンサークルなどの巨石群は、海に現れる蜃気楼の形に合わせて巨石が並べられたのではないか、という説があるくらいです。巨石群の近くではUFOの目撃が多いことから、不知火や蜃気楼の発生と、UFO出現など超常現象は密接に関係しているように思われます。

鬼火《おにび》とか、狐火《きつねび》、幽霊火と呼ばれる火の玉にも要注意です。湿地で小雨の降る闇夜などに燃え出て、空中に浮遊する青火《あおび》のことですが、いわゆるプラズマ現象や放電現象、あるいは燐化《りんか》水素燃焼現象ではないかとされています。フラフラ浮遊するところがUFOとよく似ていますが、これらの現象はむしろ死人の体から離れた魂、すなわち人魂《ひとだま》と勘違いされるケースがよくあります。

過去に、アメリカ上空の人工衛星のカメラに巨大なプラズマが発生する様子が捉えられたケースがあります。プラズマにはいろいろな形態があり、激しいプラズマは家の壁を突き抜けたりしますので、紛らわしい現象であることは確かです。実際、高圧放電とUFOの推進原理は、必ずしも無関係とはいえないようにも思われます。

いずれにしても、蜃気楼や不知火、鬼火といった自然現象も熟知したうえで、ＵＦＯと混同しないように冷静に観察したいものです。

ＵＦＯクラウドとは何か

面白いのは、ＵＦＯの周りに「フォースフィールド」と呼ばれる、全体を覆《おお》う靄《もや》が出ることがあることです。これはＵＦＯが半ば意図的に水蒸気を発生させているからです。この状態を外からみると雲のようにみえることから、「ＵＦＯクラウド（ＵＦＯ雲）」と呼ばれています（197ページの図、参照）。

どうして水蒸気が発生するかというと、ＵＦＯの推進システム上、自然に出てしまうということも考えられます。とくに母船の場合は、水蒸気がほぼ必ず出ます。それ以前に、母船はまずみえません。視覚的にみえない状態で滞空しています。つまりこの私たちの時空の世界から少しだけ位相が異なるギリギリのところに滞空しているのです。だから、こちらの世界からは普通はみえません。

ただし、何かの原理が働いていて、こちらの世界と触れ合っていて、母船の周りに水が発生してしまうのです。おそらく水は、ちょっと時空の異なる世界とこちらの世界を行き来する性質があるのだと思われます。精神世界では、よく念は水に転写されやすいといわれているのも、水にそうした性質があるからではないでしょうか。水は、向こう側の世界とこちら側の世界を出入りしているのだと思われます。

だから母船は別の世界に滞空しているのだけれど、こちらの世界の縁《ふち》のちょっとだけ外側に滞空しているので、水だけが引き寄せられて母船の周りに水蒸気をつくり出します。それがＵＦＯクラウドの正体です。ＵＦＯクラウドの形を知っていると、「あっ、いまＵＦＯや母船がきているな」と知ることができるのです。

ただ、ＵＦＯクラウドの写真を撮って「これがＵＦＯだ」といくら説明しても、まず信じてくれません。それが本物のＵＦＯクラウドを写した写真であっても、みせる相手を選んだほうがいいと思います。

自然界で発生する、いわゆる吊るし雲やレンズ雲は、ＵＦＯクラウドに似ています。それを見分ける数少ない方法の一つは、写真ではなく動画で撮影することです。動画で撮ると、明らかに普通の雲と違うことがわかります。ほかの雲がどんどん気流にのって流れていくのに、ＵＦＯクラウドだけはその場所にまったく動かず滞空していることがわかるからです。まったく同じ空間に居座り続けています。

吊るし雲もそうした性質が強いですが、雲は刻々と形を変えていきます。これに対してUFOクラウドは、その場を動かないだけでなく、形も変えません。早送りで動画をみると、一目瞭然でその存在がわかります。

じつは気象衛星から送られてくる画像を早送りでみると、どこにUFOがいるかよくわかるのです。

必要不可欠なオープンマインド精神

UFOをみたことをきっかけに、意識が宇宙的なスケールで広がり、さまざまな才能を伸ばしていく人が大勢います。逆に興味本位の人は、UFOをみるのにも飽きてしまって、伸びていきません。私などは何千回とみていますが、いまだにUFOに飽きることはありません。毎回、みている瞬間のあのバイブレーションは、何ともいえないものがあります。

UFOが変化をもたらすかどうかは、もともとオープンマインドであるかどうかも大きな要因になるのかもしれません。宇宙に対してのオープンマインドが何かということをわかっていれば、必ず大きな変化が訪れるのです。

オープンマインドとは、**すべての恐れをいったん横に置いて、思いっきり宇宙に対して**

自分の心をオープンにすることです。たとえば、いまここで連れ去られてもいいと思えるようになることです。そこまでオープンであれば、**目撃した瞬間に何らかのテレパシックなものが入ってくる**と私は思っています。

面白いことに、ＵＦＯに対する先入観がまったくない人ほど、オープンマインドだともいえます。ＵＦＯマニアがどうして、オープンマインド状態になりづらいかというと、「ＵＦＯとはこういうものである」と思っていても、本当のＵＦＯの前ではまったく通用しないからです。先入観は妄想みたいなものですから、障害にこそなれ、まったく役に立ちません。

以前、赤から白に変化するＵＦＯを観たことがあります。そのグラデーションをみているときに、非常にマニアックな人が私のところにきて、「秋山さん、あれは昔、私がどこどこでみたＵＦＯです」といってきたことがありました。このとき私は、それを冷たく受け流しました。

なぜかといえば、「私が前にみたＵＦＯと同じ」なんてことは、誰にも言い切れないはずだからです。そう考えること自体間違っています。「私が認めたからＵＦＯ」ということもありません。そういうことをいっている人は、まったくオープンマインドの入り口にも立っていません。

オープンマインドになるという感覚は非常に重要です。

こころ豊かな新しい人生が始まる

ＵＦＯはじつに多くの人がみています。しかしＵＦＯをみた人全員が、その後の人生が大きく変わったかというと、そうでもありません。かえって、ＵＦＯマニアだとか、興味があるというだけの人のほうが、浅い経験で終わってしまっています。

そうした人たちは、ＵＦＯ問題を人類のテーマとして受け入れていないのです。ＵＦＯをみたこの感動を誰に伝えようなどと考えていないように思われます。「面白いショーだった」で終わってしまっています。フィギュアを集めたり、映画を鑑賞したりするのと同じ感覚でＵＦＯを捉えてしまうわけです。ＵＦＯをみて、変わった人生でどう生きるか、などとは考えません。現実に、宇宙的な考え方をどう自分の生活に取り入れるかとか、とりあえず絵を描いてみようとか、そういう感覚にならない人もいるのです。

一方で、もともとオープンマインドのある人がＵＦＯをみてしまうと、何かに火がついたように新たなチャレンジを起こすなど、たいへんな変化が訪れたりします。95ページのコラムで取り上げた漫画家の中尊寺《ちゆうそんじ》ゆつこさん（一九六二～二〇〇五）たちがそうでした。私自身も大きく人生が変わりましたし、本書で紹介したユリ・ゲラーやジュリアン・シャムルワ、それに米政府が隠蔽しているUFO情報の暴露会見を開いた元緊急救命医・スティーヴン・グリアも、UFOや宇宙人と濃密なコンタクトをとることによって劇的に人生を変えて、才能を開花させた人たちです。

こういった人たちはみんな、宇宙に心を開くことによって宇宙と一体化できることを知っています。シャムルワ氏が『ワンネスの扉』で書いているように「心に魂のスペースを開くと、宇宙がやってくる」のです。

UFOも同様に向こうからやってきます。オープンマインドにしてUFOに呼び掛ければ、満面に優しさを湛《たた》えながらUFOはやってきます。その瞬間、あなたの心を無限に豊かにする宇宙の扉が開かれます。そして、それまでとはまったく異なる、すべての人の心の幸せを第一義とする新たな人生が始まるのです。

UFOのタイプとUFOクラウド全解説

私がこれまで目撃・遭遇したUFOは、大きく分けて三タイプあります。五センチくらいから三〇メートルくらいの大きさのものまである記録・調査用の小型UFO、四〇～一六〇メートルくらいの指令機または小型UFOのコントロール機としてのUFO、そして全長五〇〇メートルから数キロまでの大きさがある母船の三つです。そのほか大型のUFOが発生させる雲としてUFOクラウドがあります。

①記録・調査用小型UFO

形状はおおよそ5種類あります。玉状、半球状、ハット状・金属質、ベル状、ドラム状です。基本的に無人機ですが、宇宙人がのっている場合もあります。

玉状UFOは、五センチくらいから一五センチくらいのものまであります。調査したい対象の周りを飛行することによって、データを正確にスキャンできます。金属質にみえたり透明でみえなくなったりガラス質にみえたりします。

半球状UFOは、三〇～六〇センチくらいで、白色からオレンジ、ピンク、青などに変色します。ガラス質で、中に光る柱がみえます。

ハット状・金属質UFOは、四〇セン

記録・調査用小型UFO

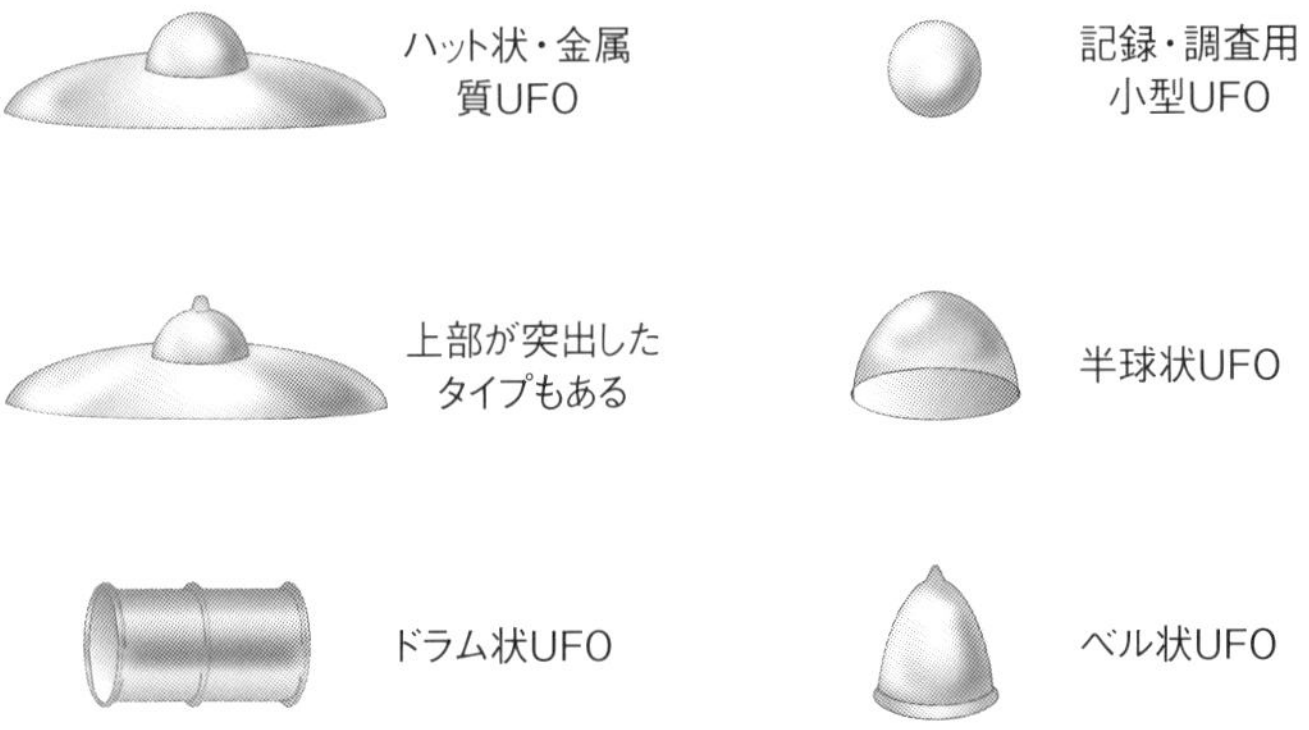

指令機、小型無人機の収納機

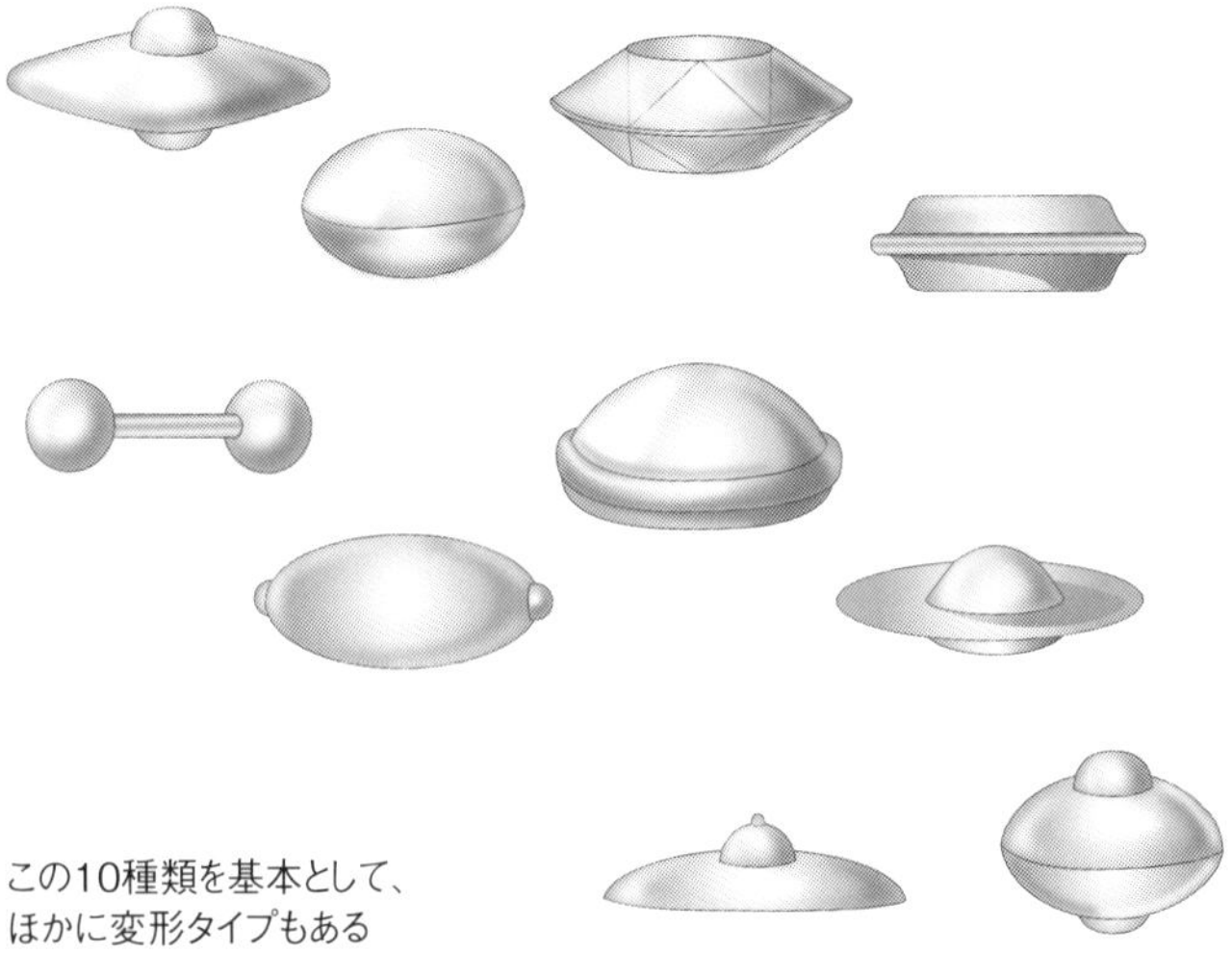

母船UFO

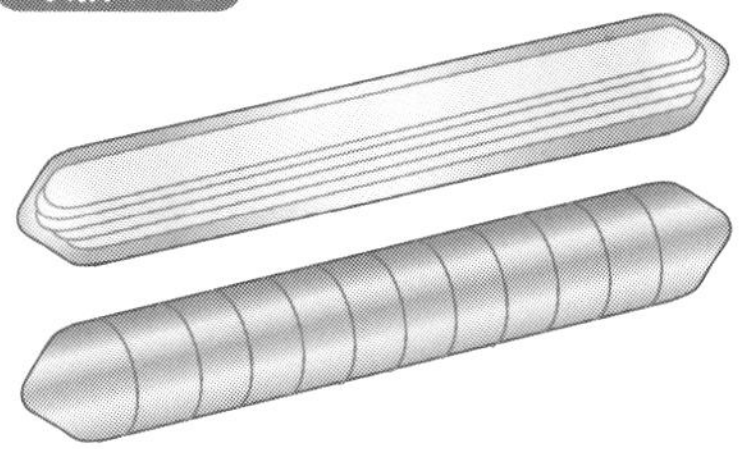

角ばった棒状タイプ。
上図は、上下に5層程度に分かれている事を示す透視イメージ図。
下図は、竹の節のような外観のタイプのイメージ図

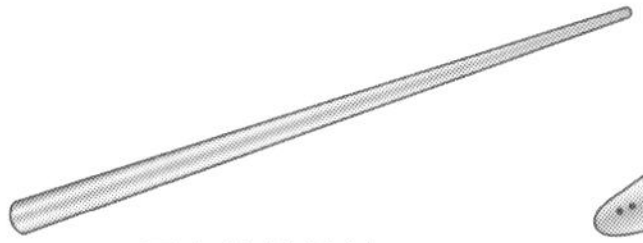

巨大針状母船UFO

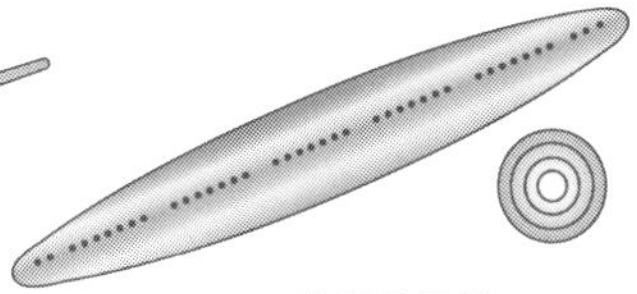

葉巻型母船UFO。
年輪状に階層がある

チくらいの小さなものから一五メートルくらいの大きさのものまであります。ひらひらと木の葉が落ちるように飛んだり、光の筋を残して急上昇したりします。上部に突出した部分を持つものもあります。

ベル状ＵＦＯは、五メートルくらいから三〇メートルくらいまで大きさはまちまちで、宇宙人がのっている場合もあります。多くは白色です。

ドラム状ＵＦＯは、三〇センチくらいから五メートルくらいの大きさのものまであります。これにも宇宙人がのっていることがあります。

②指令機、小型無人機の収納機

形状は、いくつかの変形バージョンは

ありますが、基本形は194ページで示した一〇種類です。大きさは四〇～一五〇メートルくらいまでさまざまで、記録用、調査用のUFOを収納したりコントロールしたりしています。小型UFOと共に列をなして、V字状に飛行することがあります。

③母船

母船には主に角張った棒状タイプと、丸みを帯びた滑《なめ》らかな葉巻タイプがあります。大きさは通常五〇〇メートルから数キロに達するものまであります。

角ばったタイプは、輪切りにすると下から上に向かっての階層があり、四～五階建ての構造になっています。竹の節のように分かれているものもあります。

丸みを帯びた葉巻型のタイプは、内部は輪切りにすると年輪のように同心円状に階層ができています。これらとは別に巨人の宇宙人ゲルがのる巨大針状母船があります。この特殊母船は全長一キロメートル以上あります。天候をコントロールしたり雲を発生させたりすることができます。

④UFOクラウド(UFO雲)

大型のUFOが発生させるUFOクラウドにもパターンがあります。

基本的なパターンは197ページ左上に示した三つです。

そのほかに、特定の山やパワースポッ

UFOクラウドの種類

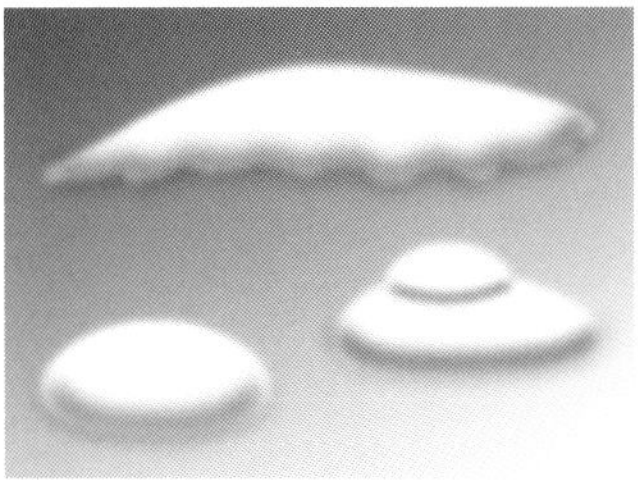

大型UFOが発生させる
クラウドの3タイプ

パワースポットなどの上空に
現れる逆鏡餅状のクラウド

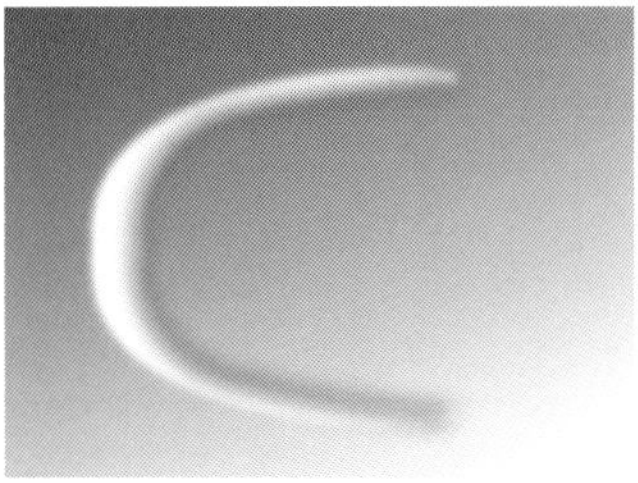

指令機がつくる
U字状クラウド

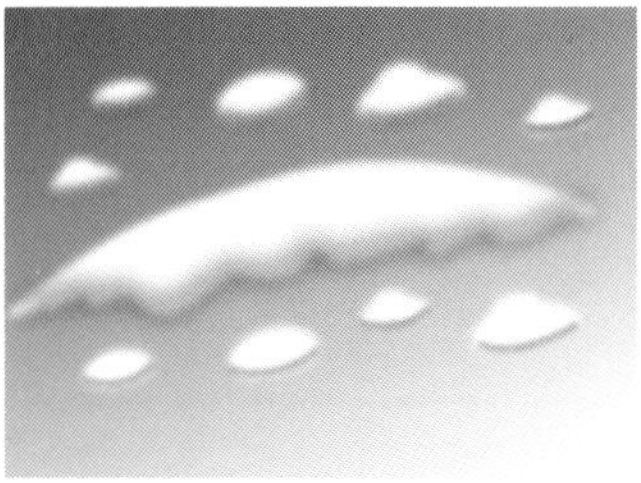

大型母船と指令機がつくる
UFOクラウド

母船がつくる梯子状の
UFOクラウド

母船がつくる放射状の
UFOクラウド

トの上空に出る逆さにした鏡餅《かがみもち》状のクラウド（母船が大地を浄化しているときに出ます。197ページ右上の図）、指令機がつく

るU字状クラウド（ほかの雲より低いところに出て、速く動いていくことが多い）などがあります。

UFO関連年表

紀元前3500〜同2000年　シュメール文明、宇宙からアヌンナキらが来訪、文明をもたらす（神話）。

前1100〜同256年　中国・周王朝、宇宙からもたらされたとみられる「易経」完成。

時期不詳　『旧約聖書』『日本書記』など、空飛ぶ船や光体についての記述（聖典、神話）。

後8世紀　別の天体を訪問した釣り人の話を記した『丹後国風土記』成る（浦島伝説）。

8世紀末　別の天体から来た生命体の物語を記した『竹取物語』成る（かぐや姫伝説）。

1625年　女性が乗った飛行物体が火の玉のように飛び去る（『西鶴諸国ばなし』）。

1803年　茨城県の浜辺に円盤型の船と女性が〝漂着〟した「虚舟事件」（見聞録など）。

1812年　仙童寅吉、「天狗」に誘われて神仙界で遊ぶようになる。

1820年　平田篤胤、寅吉から聞いた神仙界の話を記録。

1822年　平田、寅吉の話をまとめ『仙境《せんきょう》異聞《いぶん》』として発行。

1942年　米国で謎の飛行物体群が現れた「**ロサンゼルス事件**」発生（2月25日）。
米海兵隊、南太平洋上で怪光を放つ飛行物体「**フーファイター**」を目撃。

1943年　日本上空でも「フーファイター」目撃される。

1947年　米国で初のUFO目撃事件「**ケネス・アーノルド事件**」発生（6月24日）。
米国で墜落UFOを回収した「**ロズウェルUFO事件**」発覚（7月8日）。
鹿児島で警察官がT字型のUFO目撃、日本で初めて新聞に取り上げられる（7月9日）。
米空軍、UFO調査機関を秘密裏に発足（9月23日）。

1948年　米国でUFO追跡中に墜落死する「**マンテル大尉事件**」発生（1月7日）。
新潟管区気象台長土佐林忠夫が大きなUFO目撃（2月1日）。
米国で空飛ぶ円盤が墜落したという「**アズテック事件**」（2月13日）。
米航空警備隊機が光体と空中戦をした「**ゴーマン事件**」発生（10月）。

1949年　米空軍、UFOの存在を暗に認める報告書発表（4月24日）。

米誌に、キーホー少佐の「UFO＝宇宙機説」発表（12月23日）。

1950年　米空軍当局、UFO否定声明発表（12月27日）。

1951年　日本初のUFO翻訳本『地球は狙われている』（G・ハード著）発刊。

1952年　米空軍、UFO調査機関による調査を再開（10月27日）。

米国で「**首都ワシントンUFO乱舞事件**」発生（7月19日）。

ジョージ・アダムスキー、空飛ぶ円盤とその乗員に遭遇（11月20日）。

アダムスキー、円盤（アダムスキー型）の写真撮影に成功（12月13日）。

1953年　米国でアダムスキーの『空飛ぶ円盤実見記』刊行、大評判となる。

米コネティカット州ニューヘブンで光球が掲示板を貫通。物体はその後、空に飛び去った（8月19日）。

1954年　日本でアダムスキーの『空飛ぶ円盤実見記』翻訳出版（8月）。

イギリスのレーダーに7日間続けてUまたはU＝Zの形の編隊が出現（10月下旬ごろ）。

ロケットの父・オーベルト、UFOに肯定的な声明発表（11月21日）。

1955年　英国でトレンチ伯爵ら『Flying Saucer Review』誌を創刊（4月）。

荒井欣一によって「日本空飛ぶ円盤研究会」設立（7月1日）。

1956年　朝日新聞が円盤特集（8月28日）。

高梨純一によって「近代宇宙旅行協会」設立（11月）。

1957年　松村雄亮らによって「宇宙友好協会（CBA）」発足（8月）。

ソ連、世界初の人工衛星スプートニク1号打ち上げ（10月4日）。

1958年　ブラジル海軍、近海で土星型UFOを撮影（1月16日）。

朝日新聞、雑誌『バンビ・ブック　空飛ぶ円盤なんでも号』刊行。

ユング、『空飛ぶ円盤――現代の神話』発表（8月10日）。

1960年　「**CBA事件**（**りんご送れ、C事件**）」発覚（1月29日）。

塾講師と家族がUFOを目撃する「**安井清隆事件**」発生（4月23日）。

1961年　ソ連、史上初の有人宇宙船を打ち上げ（4月12日）。

久保田八郎によって「日本GAP」設立（9月）。

米国で「**ヒル夫妻UFO誘拐事件**」発生（9月19～20日）。

1962年 米空軍、UFOの否定声明を発表（2月10日）。
三島由紀夫、UFOを扱ったSF小説『美しい星』を発行（10月）。

1964年 北海道平取町で「ハヨピラの太陽ピラミッド」建設始まる。
米国・ニューメキシコ州で「**ソコロUFO遭遇事件**」発生（4月24日）。

1965年 アダムスキー、講演先で死去（4月23日）。

米国・ハンプシャー州で「**エクセターUFO目撃事件**」発生（9月3日）。

米国北東部の広域で大停電発生。前後にUFO目撃多数（11月9日）。

1966年 ハヨピラの太陽ピラミッドが完成（6月24日）。

1968年 エーリッヒ・フォン・デニケン『未来の記憶』出版で、宇宙考古学ブーム。

1969年 米コンドン委員会、UFOに否定的見解を示した「コンドン白書」を公表（1月9日）。

米国の宇宙船アポロ11号、有人月着陸に成功（7月21日）。

デニケンの『未来の記憶』翻訳出版（8月）。

1970年 ソ連でクラゲの足のような光を発する巨大UFO出現（9月20日）。

1972年 高知市で**介良《けら》事件**（**空飛ぶ円盤捕獲事件**）発生（8月25～9月29日）。

1973年 並木伸一郎氏らによって「日本宇宙現象研究会」発足（1月）。

日本初のUFO専門誌『コズモ（UFOと宇宙）』創刊（7月）。

米国で男性2人が拉致された「**パスカグーラ事件**」発生（10月11日）。

米ギャラップ調査で、米国民の46％がUFOを肯定（11月29日）。

日本テレビの『11PM』でユリ・ゲラーを紹介（12月24日）。

日本テレビの『木曜スペシャル』で空飛ぶ円盤を特集（12月27日）。


1974年 NETテレビ、関口淳君をスプーン曲げ少年として紹介（1月21日）。

ユリ・ゲラー、初来日（2月21日）。

日本テレビの番組で、カナダからの生中継でユリ・ゲラーが念を送ると、全国からスプーンが曲がったという報告が殺到（3月7日）。
北海道の青年が「宇宙人にさらわれた」と証言「**仁頃《にころ》事件**」（4月6日）。
映画『ノストラダムスの大予言』公開（8月3日）。
秋山眞人、初めてUFOを目撃（夏）。

1975年　メキシコシティで初のUFO世界会議開催（1月）。
甲府で地元小学生2人が宇宙人と遭遇した「**甲府事件**」発生（2月23日）。
学生円盤研究グループ、「全日本大学超常現象研究会」を結成（6月）。
ユリ・ゲラー再来日（7月5日）。

1976年　関英男によって「日本PS学会」（後の「日本サイ科学会」）設立（1月）。
米国の無人探査衛星ヴァイキング1号、火星軟着陸（7月20日）。

1977年　国連総会でグレナダの首相がUFO問題を提議（10月）。

1978年　米映画『未知との遭遇』、日本で公開（2月25日）。
ニュージーランドでUFOが出現した「**カイコウラ事件**」発生（12月21日）。

1979年　荒井欣一によって「UFOライブラリー」開設（9月）。
オカルト雑誌『ムー』創刊（10月）。

1980年　英国で「**レンデルシャムの森UFO遭遇事件**」発生（12月26〜27日）。

1982年　米映画『ET』、日本で公開（12月4日）。

1984年　水産庁調査船「開洋丸」、アルゼンチン沖でUFOを目撃（12月18日）。

1986年　米スペースシャトル「チャレンジャー」打ち上げ直後に爆発（1月28日）。
開洋丸、超高速UFOと接近遭遇。レーダーと目視で確認（12月21日）。
日航機長、アラスカ上空で巨大UFOに遭遇（11月17日）。

1988年　開洋丸のUFO目撃報告、『サイエンス日本版』に掲載（8月）。

1989年　テレビ朝日が「ラムダ作戦」と名付けた生放送でUFOを呼ぶ企画をおこない、メイン・コンタクティーの秋山は、未明に呼び出しに成功、大騒ぎとなった（8月21日）。

1990年　奥多摩湖で秋山のUFO呼び出し実験。中尊寺ゆつこをはじめとするクリエーターたちの前に巨大UFO出現す（3月7～8日）。

1995年　米テレビドラマ『X-ファイル』、テレビ朝日で放送開始（11月22日）。

1996年　フジテレビの番組で「宇宙人解剖フィルム」を放送（2月2日）。

1998年　河口浅間神社そばで開催された秋山のＵＦＯ観測会で、山の麓まで降りてきた葉巻型ＵＦＯと質疑応答することに成功（8月下旬）。

1999年　久保田の死去（10月20日）により「日本ＧＡＰ」が解散（12月）。

2001年　米国の政府、軍の関係者ら約20人、ＵＦＯ情報が一部の権力者によって隠蔽されていると暴露会見。日航機長のＵＦＯ目撃も肯定（5月9日）。

2009年　石川県で空からオタマジャクシが降ってくるファフロツキーズ現象発生（6月4日）。

2011年　東日本大震災発生（3月11日）。津波により福島原発で事故発生。

2012年　忍野八海そばの秋山らによる観測会でＵＦＯが乱舞、発光による応答を繰り返す（7月30日）。

秋山、河口湖の保養所で至近距離でのＵＦＯ撮影に成功（9月23日）。

2013年　秋山、河口湖の保養所で至近距離でのＵＦＯ撮影に再び成功（10月20日）。

2020年　米政府、機密だったＵＦＯ映像3本を公開（4月27日）。

2021年　米政府、ＵＦＯ報告書を公表（6月）。

米国防総省、ＵＦＯを調査する新部署設立を発表（11月23日）。

2022年　米議会下院、ＵＦＯに関する公聴会を開く（5月17日）。

主なUFO事件

ロサンゼルス事件　１９４２年2月25日、太平洋戦争勃発直後の米国ロサンゼルス市の夜空に、謎の飛行物体約15機が出現、防空司令部が空襲だとして砲撃したが、一機も墜落せずに飛び去った事件。

フーファイター事件　１９４２年8月、南太平洋ソロモン諸島で米海兵隊が十数機の銀色の円盤状物体が上空を飛行しているのを目撃。戦時下のドイツや日本の上空でも目撃され、フーファイター（炎の戦闘機あるいは鬼火戦闘機）と呼ばれ、畏怖された事件。

ケネス・アーノルド事件　１９４７年6月24日、米国ワシントン州レーニア山付近で自家用セスナを操縦していた実業家ケネス・アーノルドが光り輝く平たい半月型の飛行物体9機を目撃した事件。空飛ぶ円盤という言葉が生まれた。初のＵＦＯ目撃例として、この日はＵＦＯ記念日とされている。

ロズウェルＵＦＯ事件　１９４７年7月2日ごろ、米国ニューメキシコ州ロズウェル近郊でＵＦＯが墜落、ＵＦＯの残骸と乗員の遺体が回収されたとされる事件。8日にメディアが報じて発覚した。

マンテル大尉事件　１９４８年1月7日、米国ケンタッキー州のゴッドマン空軍基地で訓練飛行中の戦闘機がＵＦＯと遭遇して追跡したが墜落、操縦していたトーマス・マンテル大尉が死亡した事件。

アズテック事件　１９４８年2月13日、米国ニューメキシコ州アズテック北東の渓谷に空飛ぶ円盤が墜落、乗員の遺体14体が回収されたとされる事件。

ゴーマン事件　１９４８年10月、米国ノースダコダ州の航空警備隊員ジョージ・ゴーマンが飛行中、小さい光体を目撃して追跡、急停止やＵターンを繰り返すＵＦＯと〝空中戦〟を展開した事件。

首都ワシントンＵＦＯ乱舞事件（ワシントン事件）　１９５２年７月19日深夜、米国の首都ワシントンＤＣに７つのＵＦＯが出現して上空を乱舞、米軍の戦闘機が迎撃を試みたが消失。その後も出現、乱舞、消失を繰り返した事件。

ＣＢＡ事件（りんご送れ、Ｃ事件）　１９６０年１月29日、宇宙人との交流を目的に結成された宇宙友好協会（ＣＢＡ）が終末論を主張し、その合言葉「リンゴ送れ、Ｃ」を設定していたとメディアで暴露された事件。

安井清隆事件　１９６０年４月30日未明、岡山市の塾経営者の安井清隆が近くの公園に着陸したＵＦＯとその乗組員に遭遇。以来交信するようになり、半年後に他の惑星を訪問したという事件。その宇宙人と親しくなり、10年後には太陽系外の彼らの惑星も訪問したという。

ヒル夫妻ＵＦＯ誘拐事件　１９６１年９月19日夜、米国ニューハンプシャー州で車に乗って帰宅途中のヒル夫妻がＵＦＯと接近遭遇、そのＵＦＯに拉致され身体検査を受けたとされる事件。

ソコロＵＦＯ遭遇事件　１９６４年４月24日、米国ニューメキシコ州ソコロで警察官が職務中にＵＦＯと２人の異星人に遭遇、近づこうとすると、猛スピードで飛び去った事件。

エクセターＵＦＯ目撃事件　１９６５年９月３日未明、米国ニューハンプシャー州のエクセターで警察官ら３人が赤い光を発する巨大飛行物体を近距離で比較的長く目撃した事件。他にも目撃者がいた。

介良《けら》事件（空飛ぶ円盤捕獲事件）　１９７２年８月25日、高知県長岡郡介良（現高知市介良）で、中学生９人のグループが小型の円盤型ＵＦＯを捕獲した事件。捕獲と消失を繰り返し、ＵＦＯは９月29日に完全に消失した。

パスカグーラ事件　１９７３年10月11日、米国ミシシッピ州の田舎町パスカグーラで、夜釣りの男性２人が奇妙な生物三体と遭遇、ＵＦＯの中に連れ込まれ、身体検査を受けて戻された事件。

仁頃《にころ》事件　1974年4月6日未明に北海道北見市仁頃でUFOに拉致され逃げた青年が超能力を開花させ、同8日と13日にUFOに搭乗して、木星を訪問したとされる事件。

甲府事件　1975年2月23日、甲府市の2人の小学2年生が家の近所で小型UFOと異星人と思われる搭乗者に遭遇、逃げ帰った事件。

カイコウラ事件　1978年12月21日、ニュージーランド南島のカイコウラで複数のUFOがパイロットやレーダーによって捕捉された事件。同30日深夜、豪放送局がUFO検証番組制作中にも同空域でUFOが出現。撮影に成功するとともにレーダーにも捕捉された。

レンデルシャムの森UFO遭遇事件　1980年12月26日から27日早朝にかけて、英国サッフォーク州レンデルシャムの森で起きたUFO着陸事件。探索中の米空軍基地の隊員がUFOの機体に触れたという。

日航機アラスカ上空UFO目撃事件　1986年11月17日、米国アラスカ州の上空で、パリ発日航貨物便のジャンボジェット機がジャンボ機の数十倍も大きい巨大UFOを目撃、米軍のレーダーにも捉えられた事件。

さいごに

じつは、私はいままでにもＵＦＯ問題に関してさまざまな人たちから意見や講演を求められたり、出版社から要請されてＵＦＯの本も書き上げてきました。しかし、本心をいうと、そのたびに「もう、これを最後にしよう」「もう、話すのをよそう」と思い続けてきました。

なぜかというと、これは私の大親友でもあるユリ・ゲラーもいっていたことなのですが、「超能力や霊的な超常現象に関しては、まだ聞いてくれる人が多い。しかし、なぜか人類に一番身近で大事なＵＦＯ問題に話が及ぶと、多くの人は遠ざかろうとする」からなのです。

たとえば、青森県のリンゴ農家の木村秋則《きむらあきのり》氏（一九四九年～）は、無農薬・無肥料のリンゴの自然栽培に成功、その成功物語が『奇跡のリンゴ』として映画化されるほど有名になりました。ところが、自然栽培農法に成功した背景には自分のＵＦＯ体験があると彼が語り始めた途端に、彼から離れていく人が現れました。

私自身にもそうした経験は山ほどあります。その経験から、ＵＦＯとの交信体験はめったなことでは話さないように努めてきました。

私はこれまで、人間の潜在意識の活用法や能力開発の方法論、そして企業のマネージメントや社員のメンタル・トレーニングといった、ＵＦＯ問題とはほぼ無縁ともいえる企業経営のコンサルト業務にかかわってきました。そこで築き上げてきた信用は第一に守らなければならないと考えていたので、あえてＵＦＯ問題には触れないようにしてきたのです。本当にわかってもらえる人でない限り、ＵＦＯ問題を積極的に話すことは控えていました。

しかし、人間性の向上、意識や命の大切さ、本当の意味での心の底からの喜びを根幹に据えて生きようとした場合、ＵＦＯ問題はやはり避けては通れない問題です。逆にいえば、どのようなビジネスマンも、どのような技術者も、どのような科学者も、どのような思想家も哲学者も、ＵＦＯ問題について見て見ぬふりをする限りは、すべての物事の本質に到達することは決してできません。

本書を読み終えた後でも、私のことを一笑《いっしょう》に付《ふ》すことはたやすいことでしょう。しかし、私は本当に体験したことや知り得たことを実名で紹介しているに過ぎないのです。私を後押ししてくれる仲間もたくさんいます。ＵＦＯ問題について多くの専門家や協力者たちとともに歩いてきたという自負もあります。

彼らの名誉のためにも、もう一度申し上げたい。高度な知性を持った宇宙存在の乗り物としてのＵＦＯは、確実にそこにあります。コラムの「ＵＦＯ観測会ベスト５」（95ページ）にも挙げさせてもらいましたが、観測会で本物のＵＦＯをみた人は、中尊寺ゆつこさんも、出版社の人も、ほかの名のある人たちもみんな、宇宙の高度知性体としてのＵＦＯの存在を一〇〇パーセント確信しています。そこには疑う余地はありません。

彼ら宇宙人は、私たちのことを本当によく考えてくれています。闇雲《やみくも》に私たちの前に現れるのではありません。私たちが怖がってパニックに陥らないように、極力配慮して現れるのです。

たとえば、同じコラムで取り上げた河口浅間《あさま》神社そばでみた、全長八〇メートルはあろうかという葉巻型母船は、山の手前に降りてきたのなら、町の人もみているだろうから、大騒ぎになったはずだと思うかもしれません。しかし、母船のすぐそばや真下にいた人にはたぶん全然みえていません。彼らは光の指向性をコントロールする技術を持っていますから、真下や近くにいる人には全然みえないようにすることができるのです。心の状態が整って、つまりＵＦＯをみる心の準備ができている人たちだけにみせます。

そういうと、余計にバカ扱いされるのですが、その場にいた五〇人超の全員が目撃しています。当時は一〇〇人いようが一〇〇〇人いようが、人数に関係なく、とにかくよくＵＦＯが出現しました。たまたま居合わせた町の人も「ああ、あれはＵＦＯですね！」と、一緒によく目撃して楽しんだものです。だけどパニックになったり、怖くて逃げだしたりする人は一人もいませんでした。

ＵＦＯに対する先入観を持たず、かつ宇宙に対してオープンマインドの人たちが呼びかけてくるのを、明らかに彼らは待っているのです。

別の見方をすると、ＵＦＯにとって私たち地球人は、森の中の絶滅寸前のオランウータンみたいなものかもしれません。ところが、そのオランウータンが生半可な科学を持ってしまったので、時々大勢で戦争して、時に原爆を落としているのだから、始末に負えないわけです。さらに自然環境を破壊したうえで、原発事故を起こし、地球を汚染させても一向に反省していないわけですから、宇宙人が「お前、やめろよ！」という心境になるのも無理はありません。

宇宙人の胸の内は至って複雑だと思います。手取り足取りして過度に介入することもできないし、かといってこのまま見捨てることもできない。地球人が自らの力で頑張れるような方策がないか思案しているはずです。もどかしいと思います。自分があるモノの大切さを知っていて、その大切さを知らない生き物がいて、知らないがために滅亡の危機に瀕《ひん》している、と。その大切さに気づいてくれたらなと思って、ＵＦＯは今日も誰かの前に現れるのです。

ＵＦＯは、有名か無名かに関係なく、多くの悩める真摯《しんし》な人たちの前に手を差し伸べています。母親が子供を育てる感覚と同じです。果たして、いまの私たちにそのようなことができるでしょうか。そのような宇宙レベルの友愛を発揮することがいまの地球人にできるでしょうか。

ＵＦＯ問題が論じられた初期のころに、コンタクティーは次のようにいいました。「宇宙的友愛こそすばらしい」と。

私は再度繰り返し申し上げたい。「宇宙的友愛」、コスミック・ブラザーフッドこそが、地球人にとって今後、千年、万年を生きるために必要不可欠な潤滑剤なのです。文明は慈愛なしには発展も存続もできません。そのことをＵＦＯは伝えにきているのです。

◉参考文献

〈秋山眞人の本〉
秋山眞人『ＵＦＯと超能力の謎』日東書院、1990年
秋山眞人『超能力者への道』騎虎書房、1991年
秋山眞人『奇跡の超能力者』竹書房、1995年
秋山眞人『私は宇宙人と出会った』ごま書房、1997年
秋山眞人・坂本貢一『秋山眞人の優しい宇宙人』求龍堂、2000年
秋山眞人『スピリチュアル前世リーディング』学習研究社、2004年
秋山眞人・布施泰和・竹内睦泰ほか『正統竹内文書の日本史「超」アンダーグラウンド①〜③』ヒカルランド、2012年
秋山眞人・布施泰和『神霊界と宇宙人のスピリチュアルな真相』成甲書房、2014年
秋山眞人・布施泰和『楽しめば楽しむほどお金は引き寄せられる』コスモ21、2014年
秋山眞人・布施泰和『Ｌシフト』ナチュラルスピリット、2018年
秋山眞人・布施泰和（聞き手）『秋山眞人のスペース・ピープル交信全記録』ナチュラルスピリット、2018年
秋山眞人・布施泰和（協力）『シンクロニシティ　願望が実現する「偶然」のパワー』河出書房新社、2019年
秋山眞人・布施泰和（協力）『日本のオカルト150年史』河出書房新社、2020年
秋山眞人・布施泰和『世紀の啓示書「オアスペ」の謎を解く！』ナチュラルスピリット、2020年
秋山眞人・布施泰和（協力）『しきたりに込められた日本人の呪力』河出書房新社、2020年
秋山眞人・布施泰和（協力）『開運！　オカルト実用大全』河出書房新社、2021年
秋山眞人・布施泰和（協力）『日本の呪術大全』河出書房新社、2021年
秋山眞人『強運引き寄せ手相占い』河出書房新社、2022年
秋山眞人・布施泰和（協力）『〈偶然〉の魔力　シンクロニシティで望みは叶う』河出書房新社、2022年
秋山眞人『山の神秘と日本人』さくら舎、2022年
秋山眞人・布施泰和（協力）『最古の文明シュメールの最終予言』河出書房新社、2022年
秋山眞人・西脇俊二『新時代を生き抜く！　波動を上げる生き方』徳間書店、2022年
秋山眞人・布施泰和（協力）『強運が来る兆しの法則』河出書房新社、2023年

〈あ行〉
（Ｗ・）アダム・マンデルバウム著、上野元美訳『戦争とオカルトの歴史』原書房、2005年
アドルフ・シュナイダーら著、金森誠也訳『ＵＦＯの世界』啓学出版、1981年
アニー・ジェイコブセン著、加藤万里子訳『アメリカ超能力研究の真実』太田出版、2018年
アレックス・タナウス著、今村光一訳『超能力大全』徳間書店、1986年
アンドリア・Ｈ・プハーリック著、井上篤夫訳『超能力者ユリ・ゲラー』二見書房、1974年
インゴ・スワン、秋山眞人監訳『ノストラダムス・ファクター』三交社、1995年

内田秀男『四次元世界の謎』大陸書房、1976年
宇野哲二『“円盤”大陸』鷹書房、1975年
エーリッヒ・フォン・デニケン著、松谷健二訳『未来の記憶』角川書店、1997年
小原田泰久『木村さんのリンゴ』学研、2013年

〈か行〉
北村小松ほか『バンビ・ブック（空飛ぶ円盤なんでも号）』朝日新聞、1958年
木村秋則『すべては宇宙の采配』東邦出版、2009年
木村秋則『百姓が地球を救う』東邦出版、2012年
久保田八郎『ＵＦＯと異星人の真相』中央アート出版社、1995年
久保田八郎『アダムスキー全集1～8』文久書林、1986年
コートニー・ブラウン著、南山宏監修、ケイ・ミズモリ訳『コズミック・ヴォエージ』徳間書店、1997年

〈さ行〉
笹公人『念力家族』宝珍、2004年
ジュリアン・シャムルワ『ワンネスの扉』ナチュラルスピリット、2019年
ジョージ・H・ウィリアムソン著、坂本貢一訳『神々の予言』ごま書房、1998年
ジョージ・H・ウィリアムソンら著、坂本貢一訳『キャッチされた宇宙人ヴォイス』ヒカルランド、2013年
ジョン・A・キール著、巻正平訳『ＵＦＯ超地球人説』早川書房、1976年
ジョン・A・キール著、北村十四彦訳『宇宙からの福音』ボーダーランド文庫、1997年
ジョン・A・キール著、南山宏訳『不思議現象ファイル』ボーダーランド文庫、1997年
スコット・マンデルカー著、南山宏監修、竹内慧訳『宇宙人の魂をもつ人々』徳間書店、1997年
スティーブン・グリア著、廣瀬保雄訳『ディスクロージャー』ナチュラルスピリット、2017年
スティーブン・グリア著、前田樹子訳『ＵＦＯテクノロジー隠蔽工作』めるくまーる、2014年
関一敏『聖母の出現』日本エディタースクール出版部、1993年
瀬戸龍介『富士山からのホ・オポノポノ—考えるな！　感じよう！　Don't Think! Just Feel!』ヒカルランド、2019年

〈た行〉
田中孝顕監修『ボストン・クラブ（超能力と経営の科学）①～⑪』星雲社、1987～88年
田中久文『九鬼周造——偶然と自然』ペリカン社、2001年
チャレット（F.X.）・渡辺学ら（翻訳）『ユングとスピリチュアリズム』第三文明社、1997年
角田義治『怪し火・ばかされ探訪』創樹社、1982年
ディーン・ラディン著、竹内薫監修、石川幹人訳『量子の宇宙でからみあう心たち』徳

間書店、2007年
デニス・ステーシーら編、花積容子ら訳『ＵＦＯと宇宙人　全ドキュメント』ユニバース出版、1998年

〈は行〉
パーシヴァル・ローエル著、菅原壽清《としきよ》訳『オカルト・ジャパン』岩田書院、2013年
パオラ・ジオベッティ著、鏡リュウジ訳『天使伝説』柏書房、1995年
橋野昇一『日本の地名とＵＦＯの記録』近代文芸社、1987年
浜田和幸『快人エジソン』日本経済新聞社、1996年
布施泰和『不思議な世界の歩き方』成甲書房、2005年
布施泰和『異次元ワールドとの遭遇』成甲書房、2010年
ブリンズリー・ルポア・トレンチ著、村社伸訳『地球内部からの円盤』角川文庫、1975年
ブリンズリー・ルポア・トレンチ著、岡部宏之訳『宇宙からの来訪者』角川文庫、1977年
ヘルムート・ラマーら著、畔上司訳『ＵＦＯ　あなたは否定できるか』文芸春秋、1996年

〈ま行〉
松谷みよ子『河童・天狗・神かくし』立風書房、1989年
C.O.マディガンら著、秋山眞人訳『天才たちのスーパー・インスピレーション』騎虎書房、1990年
ミチオ・カク著、斉藤隆央訳『パラレルワールド』ＮＨＫ出版、2006年
森達也『職業欄はエスパー』角川文庫、2002年
森達也『オカルト』角川書店、2012年
森東一郎『ＵＦＯと宇宙人の正体』池田書店、1985年

〈や行〉
山本佳人『聖書とＵＦＯ』大陸書房、1975年
山本佳人『仏典とＵＦＯ』大陸書房、1976年
ユリ・ゲラーら著、秋山眞人訳『ユリ・ゲラーの反撃』騎虎書房、1989年
C.G.ユング著、松代洋一訳『空飛ぶ円盤』朝日出版社、1976年

〈ら行〉
リーダーズ・ダイジェスト編『ミステリーゾーンに挑む――ＵＦＯ・オカルト・超能力のすべて』日本リーダーズ・ダイジェスト社、1984年
立正大学ＵＦＯ研究会編著『ＵＦＯは子供だましか』大陸書房、1983年
ローウェ(M) 編、島田裕巳ほか訳『占いと神託』海鳴社、1984年
ロバート・ヘイスティング著、天宮清監訳『ＵＦＯと核兵器』環健出版社、2011年

〈わ行〉
渡辺大起『宇宙からの黙示録』徳間書店、1985年

雑誌

『地球ロマン創刊2号』絃映社、1976年

『これであなたもＵＦＯに会える』（Can Cam6月号付録）小学館、1990年

「中尊寺ゆつこのＤＮＡセルフ・プログラミング『ＵＦＯコンタクトprogram』」（月刊『ＰＬＡＹＢＯＹ』12月号）集英社、1991年

洋書

Andrija Puharich, "URI: A Journal of the Mystery of Uri Geller," Bantam Books, 1975.

Bill Yenne, "U.F.O. Evaluating the Evidence," Smithmark Publishers, 1997.

C. G. Jung and Wolfgang Pauli, "Atom and Archetype," Princeton University Press, 1992.

David Bohm and F. David Peat, "Science, Order, and Creativity," Bantam Books,1987.

F. David Peat, "Synchronicity—The Bridge Between Matter and Mind," Bantam Books, 1988.

George Hunt Williamson, "Other Tongues Other Flesh," BiblioLife, 2011.

John A. Keel, "The Eighth Tower," Anomalist Books, 2013.

Steven M. Greer, "Extraterrestrial Contact," Crossing Point, 1999.

Steven M. Greer, "Disclosure," Crossing Point, 2001.

Steven M. Greer, "Unacknowledged," A & M Publishing, 2017.

秋山眞人　あきやま・まこと

1960年生まれ。国際気能法研究所所長。大正大学大学院文学研究科宗教学博士課程前期修了。13歳のころから超能力少年としてマスコミに取り上げられる。ソニーや富士通、日産、ホンダなどで、能力開発や未来予測のプロジェクトに関わる。画家としても活動し、S・スピルバーグの財団主催で画展も行なっている。コンサルタント、映画評論も手がける。著書は、『強運が来る 兆しの法則』『最古の文明 シュメールの最終予言』『《偶然》の魔力 シンクロニシティで望みは叶う』(小社刊)ほか、100冊を超える。
公式ホームページ　https://makiyama.jp/

布施泰和　ふせ・やすかず

1958年生まれ。英国ケント大学留学を経て、国際基督教大学を卒業(仏文学専攻)。共同通信社経済部記者として旧大蔵省や首相官邸を担当した後、96年に退社して渡米、ハーバード大学ケネディ行政大学院ほかで修士号を取得。帰国後は国際政治や経済以外にも、精神世界や古代文明の調査、取材、執筆をおこなっている。単著に『卑弥呼は二人いた』(小社刊)ほか、秋山眞人氏との共著も多数ある。

UFOと交信すればすべてが覚醒する

二〇二三年三月二〇日　初版印刷
二〇二三年三月三〇日　初版発行

著　者――**秋山眞人**
協　力――**布施泰和**

企画・編集――株式会社夢の設計社
東京都新宿区早稲田鶴巻町五四三　郵便番号一六二―〇〇四一
電話（〇三）三二六七―七八五一（編集）

発行者――小野寺優
発行所――株式会社河出書房新社
東京都渋谷区千駄ヶ谷二―三二―二　郵便番号一五一―〇〇五一
電話（〇三）三四〇四―一二〇一（営業）
https://www.kawade.co.jp/

DTP――アルファヴィル
印刷・製本――中央精版印刷株式会社

Printed in Japan ISBN978-4-309-29278-6